Abbildung 8: Zahlungsbereitschaft/Mehrpreis für biologisch abbaubare Folien

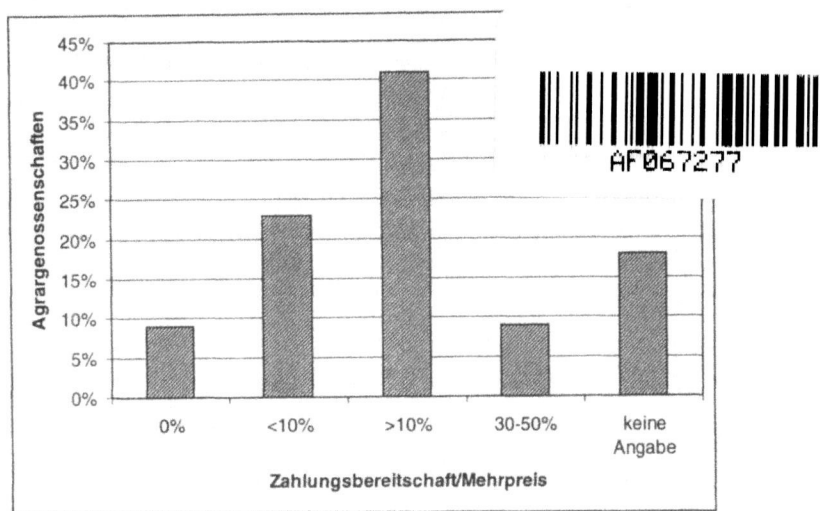

c. Kommunikationspolitik

Ein Grund für die regionalen Unterschiede in der Anwendung kompostierbarer Mulch- und Silofolien (siehe Abschnitt Ermittlung des Marktvolumens) könnte in der unterschiedlichen Informations- und Verkaufspolitik der ortsansässigen Händler liegen. Die spezifischen Produktvorteile ließen sich durch die Nutzung verschiedener Kommunikationsinstrumente der gewünschten Zielgruppe vermitteln. Dazu zählt beispielsweise die Präsentation auf Messen und Ausstellungen aber auch die Werbung in einschlägigen Fachzeitschriften. So könnte die Polymer AG durch den Einsatz dieser zwei Instrumente erreichen, dass Landwirte und Agrargenossenschaften die kompostierbaren Mulch- und Silofolien beim Handel nachfragen. Das wiederum erzeugt eine Sogwirkung[46] bis hin zur Polymer AG, weil der Handel die biologisch abbaubaren Agrarfolien dann bei dem Hersteller ordert. Dies hat schlussendlich die Auswirkung, dass auch die gesamte Nachfrage nach solchen ökologisch verträglicheren Agrarfolien steigen wird. Deshalb sind für den Markt Landwirtschaft die in der Tabelle 5 aufgelisteten branchenspezifischen Messen und Fachzeitschriften in Erfahrung gebracht worden.

---

[46] Es handelt sich um das sogenannte Pull-Konzept, bei dem ein Konsument durch direkte Kommunikationsmaßnahmen des Herstellers angesprochen wird. Vgl. Meffert, H. (2000); S. 648.

Die Messe „Internationale Grüne Woche" wurde 1926 gegründet und bietet auch auf dem Gebiet der nachwachsenden Rohstoffe im Bereich der Landwirtschaft eine sehr gute Präsentationsmöglichkeit. Sie findet immer am Anfang eines Jahres in Berlin statt. Die Messeveranstalter ermittelten für die letzte Veranstaltung im Jahr 2006 alleine 90.000 Fachbesucher.[47]

Eines der führenden Fachzeitschriften für Agrarmanager ist seit 17 Jahren die „Neue Landwirtschaft". Sie erreicht mehr als 50 % der ostdeutschen Agrarbetriebe mit mehr als 1000 Hektar landwirtschaftlich genutzter Fläche. Für eine 4-farbige halbe Anzeigenseite verlangt der Verlag 2444,- Euro inklusive. MwSt.. Von der monatlich erscheinenden Auflage werden 12516 Exemplare verkauft.[48]

Tabelle 5: Übersicht Messen und Fachzeitschriften

Messen	Fachzeitschriften
Internationale Grüne Woche in Berlin	Neue Landwirtschaft
IGRUMA in Leipzig	top agrar
ZLF in München	DLG-Mitteilung

d. Distributionspolitik

Um genauere Informationen über die üblichen Vertriebswege in der Landwirtschaft zu erhalten, wurden zusätzlich noch 4 Händler von landwirtschaftlichen Bedarfsartikeln befragt. Es stellte sich heraus, dass die Endkunden diese Artikel in der Regel direkt beim ortsansässigen Händler kaufen. Die Händler werden wiederum durch Handelsvertreter betreut, die sich um alle Abwicklungen zwischen Hersteller und Händler kümmern. In dieser Branche legen die Händler großen Wert auf schnelle und flexible Lieferung. Die schnelle Lieferung ist aus folgenden Gründen wichtig: Zum ersten kann sich kein Händler die Ware auf Lager hinlegen und zum zweiten muss die Agrarfolie nach Eintreffen beim Händler sofort zum Einsatzort gebracht werden. Darüber hinaus besitzt auch die flexible, nach individuellen Wünschen anpassbare, Fertigung biologisch abbaubarer Agrarfolien eine große Bedeutung für die Befragten.

---

[47] Siehe hierzu www.1.messe-berlin.de (2006).
[48] Siehe www.neuelandwirtschaft.de (2006).

V. Fragen

1. Ist die Landwirtschaft für Agrarfolien aus dem Biogranulat ein Markt mit Absatzchancen?
   Nehmen Sie eine qualitative Einschätzung vor und begründen Sie ihre Antwort ausführlich!
2. Mit welchem Strategietyp könnte die Polymer AG den größten Gewinn bei einem Markteintritt erreichen?
3. Welche Empfehlungen geben Sie dem Unternehmen für die Gestaltung der Marketinginstrumente?
4. Ermitteln sie den „1000 Kontakt-Preis" (TKP) für eine 4-farbige Anzeige in der Fachzeitschrift „Neue Landwirtschaft"!

F. Die Thermohydraulische Pumpe (THP) *

Enrico Weyh

Inhaltsverzeichnis

I. Das Unternehmen Etzold-Elektrotechnik 97
   1. Das Unternehmen 97
   2. Die Geschäftsidee 97
   3. Ressourcenanalyse 98
II. Die Thermohydraulische Pumpe 100
III. Die Märkte 102
IV. Markt Chemische Industrie 104
   1. Prognoseinformationen für das Marktpotenzial 104
   2. Ermittlung des Marktvolumens 110
   3. Alternativtechnologie 111
   4. Konkurrenzanalyse 111
   5. Ausgestaltung der einzelnen Marketinginstrumente 112
      a. Produktpolitik 112
      b. Preispolitik 113
      c. Kommunikationspolitik 114
      d. Distributionspolitik 115
V. Fragen 116

---

* Alle Namen sind frei erfunden, Ähnlichkeiten mit bestehenden Unternehmen oder Produkten sind zufällig.

Abbildungs- und Tabellenverzeichnis

Abbildung 1: Stärken-Schwächenprofil der Firma Etzold-Elektrotechnik 98
Abbildung 2: Schematischer Aufbau der Thermohydraulischen Pumpe 100
Abbildung 3: Anteile der chemischen Industrie am verarbeitenden Gewerbe .. 106
Abbildung 4: Entwicklung des Strompreises für deutsche Industriekunden 107
Abbildung 5: Stromverbrauch der chemischen Industrie von 1995 bis 2004 ... 107
Abbildung 6: Meinungsbild über die chemische Industrie in Deutschland 108
Abbildung 7: Entwicklung der Gesundheitsausgaben von 1995 bis 2004 109
Abbildung 8: Relative Produktvorteile der THP im Vergleich 112
Abbildung 9: Produkteigenschaften der THP aus Sicht des Abnehmer 113
Abbildung 10: Bedeutung von Kommunikationsinstrumenten 114
Abbildung 11: Anforderungen an den Vertrieb 115

Tabelle 1: Ausschlusskriterien für einzelne Märkte 102
Tabelle 2: Wirtschaftliche Kennzahlen der deutschen chemischen Industrie ... 104
Tabelle 3: Anteile der Geschäftsbereiche an der Gesamtproduktion (2000) ... 104
Tabelle 4: Umsätze in den drei ermittelten Geschäftszweigen 110
Tabelle 5: Potenzielle Kunden für die Thermohydraulische Pumpe 110

I. Das Unternehmen Etzold-Elektrotechnik

1. Das Unternehmen

Die Firma Etzold Elektrotechnik wurde 1998 von Herrn Etzold als Einzelunternehmen gegründet. Der Firmensitz ist in Dresden. Nach einem erfolgreich abgeschlossenen Ingenieurstudium der Elektrotechnik und mehreren Tätigkeiten in der freien Wirtschaft entschied sich Herr Etzold für die Selbstständigkeit. Mit der Selbstständigkeit verfolgt er das Ziel, neben dem üblichen Tagesgeschäft unabhängiger eigene innovative Ideen im Bereich der Elektrotechnik zu verwirklichen.

Zu seinen Haupttätigkeitsbereichen zählt der kleine Innungsbetrieb die Planung, Inbetriebnahme, Umstellung und Wartung von Blockheizwerken, Notstromanlagen und Spitzlastenanlagen. Weitere Aufgabengebiete des Unternehmensgründers sind die Messtechnik, der Schaltanlagenbau, die Steuerungstechnik, die Umweltenergie, die Solarsysteme und die Niedrigenergienutzung. Im Moment beschäftigt er bis auf eine Bürohilfe, die verwaltende Aufgaben erledigt, keinen weiteren Mitarbeiter. Der durchschnittlich erzielte Umsatz im Zeitraum von 1998 bis 2004 lag bei etwa 100.000 Euro jährlich.

2. Die Geschäftsidee

Die Erzeugung von Energie für den privaten und geschäftlichen Verbrauch ist zu einem großen Teil an fossile, also nicht nachwachsende Rohstoffe, gebunden. Da der Bedarf an Energie stetig wächst, werden von wirtschaftlicher und auch von politischer Seite große Anstrengungen unternommen, alternative Energieerzeugungen zu entwickeln und zu fördern. So ist beispielsweise die Windkraftenergie und Solartechnik aus dem täglichen Erscheinungsbild nicht mehr weg zu denken.

Durch diese Situation entstand beim Firmengründer bereits im Jahr 2000 der erste Gedanke an eine neuartige Pumpe, die Abwärme (thermische Energie) in elektrischen Strom umwandeln kann. Nach intensiven Forschungsarbeiten gelang es Herrn Etzold ein realisierbares Entwicklungskonzept aufzustellen. Mehrere Gutachter bestätigten, dass es technisch möglich wäre, eine Pumpe nach den im Punkt II. beschriebenen Eigenschaften zu bauen. Im Jahr 2005 konnte durch die Erstellung eines Gutachtens über eine Marktrecherche zu den Marktchancen des neuen Produktes die Erarbeitung eines Produktkonzeptes weiter unterstützt werden. Da zur Erstellung eines Prototypen die finanziellen Mittel nicht ausreichten, existierte zum Zeitpunkt der Marktforschung das Produkt nur als Konzept auf dem Papier. Durch die eigenen Vorrecherchen und erhaltenen Gutachten, konnte Herr Etzold eine gewerbliche Anwendbarkeit bei der

Beantragung eines Patentes beim Patentamt nachweisen. Das Patentamt gewährte dieses Schutzrecht für die Thermohydraulische Pumpe (THP).

3. Ressourcenanalyse

Die Abbildung 1 zeigt das Stärken-Schwächenprofil der Firma Etzold-Elektrotechnik, welches von Herrn Etzold nach eigener Einschätzung aufgestellt wurde.

Abbildung 1: Stärken-Schwächenprofil der Firma Etzold-Elektrotechnik

Potentiale	Beurteilung schlecht — mittel — gut
1. Ressourcenausstattung	0 1 2 3 4 5 6 7 8 9 10
• Produktionskapazität	5
• Finanzielle Mittel	2
• Personelle Mittel	9
2. Kompetenzen	0 1 2 3 4 5 6 7 8 9 10
• Forschung und Entwicklung	7
• Marketing/Vertrieb	4
• Produktion	7
• Beschaffung	7
• Führung/Organisation	8
• Qualität Mitarbeiter	10
3. Marktposition	0 1 2 3 4 5 6 7 8 9 10
• Marktanteil	0
• Bekanntheitsgrad beim Kunden	3
4. Entwicklungspotenziale	0 1 2 3 4 5 6 7 8 9 10
• Erweiterung der Produktionskapazität	9
• Flexibilität	9

Die Ressourcenausstattung des Unternehmens ist derzeit als mittelmäßig einzustufen. Während ausreichend personelle Mittel vorhanden sind, ist die finanzielle Situation schlecht. Insbesondere der Zugang zu staatlichen Fördermitteln erweist sich als kompliziert, weil Herr Etzold die notwendigen Bedingungen für die Inanspruchnahme solcher Unterstützungsformen oft nicht erfüllen kann.

So fehlt es beispielsweise an Zeit und auch am Geld, um die Antragsunterlagen ordnungsgemäß zusammenstellen zu können. Die Firma hat nur eine kleine Werkstatt zur Verfügung, die sich im Keller des eigenen Einfamilienhauses befindet, so dass die Produktionskapazität eher mittelmäßig ist. Anfangs könnte er aber als Finalproduzent der THP und durch den Zukauf benötigter Komponenten erste Aufträge abdecken. Des Weiteren denkt Herr Etzold auch über eine Lizenzvergabe nach. Hierfür wäre es aber notwendig Unternehmen zu kennen, die Interesse an einer Lizenz hätten.

Der engagierte Diplom-Ingenieur weist ganz besonders gute Kompetenzen in der Forschung und Entwicklung und in der Produktion auf. Dies beruht auf eine langjährige Zusammenarbeit mit der KEB Otto mbH, einem Kleinbetrieb des Sondermaschinenbaus, und der Otto-von-Guericke-Universität in Magdeburg. Darüber hinaus muss er sich als Einzelunternehmer in viele Bereiche einarbeiten und Fähigkeiten aneignen. Im Marketing- und Vertriebsbereich bestehen allerdings Defizite, weil diese Aufgaben gegenwärtig auch von Herrn Etzold übernommen werden. Dadurch wird der Radius der Geschäftstätigkeit stark eingeengt und lässt ein gezieltes akquirieren einzelner Kunden nicht zu. Um diese Schwäche zu überwinden, soll mittelfristig eine qualifizierte Person eingestellt werden.

Da die Innovation mit großer Wahrscheinlichkeit neue Zielgruppen ansprechen wird, ist der Marktanteil und auch der Bekanntheitsgrad bei diesen potenziellen Kunden nicht vorhanden. Deshalb hat die Etzold-Elektrotechnik mit der THP eine eher minderwertig anzusehende Marktposition.

Aufgrund des gestiegenen Umweltbewusstseins ist ein deutlicher Trend zu alternativen Energien sichtbar. Das Produkt folgt diesem Trend, so dass die Entwicklungspotenziale als große Stärke herausgestellt werden können.

II. Die Thermohydraulische Pumpe (THP)

Produktbeschreibung

Mit der Thermohydraulischen Pumpe lässt sich thermische Energie (Abwärme) in mechanische Energie, und mit deren Hilfe in elektrischen Strom umwandeln. Hierbei wird ein Arbeitsmedium mit einem Ausdehnungskoeffizienten „X" in einem Arbeitsbehältersystem von einer Anfangstemperatur T1 auf eine Temperatur T2 gebracht, so dass es sich ausdehnt und damit ein Hydraulikmedium mittels Druckbeaufschlagung gefördert wird. Aus der Nutzung von Abwärme oder Strahlungswärme in den verschiedensten Industriebereichen kann Energie (Strom) gewonnen werden. Der skizzierte schematische Aufbau des Produktes ist in der Abbildung 2 dargestellt.

Abbildung 2: Schematischer Aufbau der Thermohydraulischen Pumpe

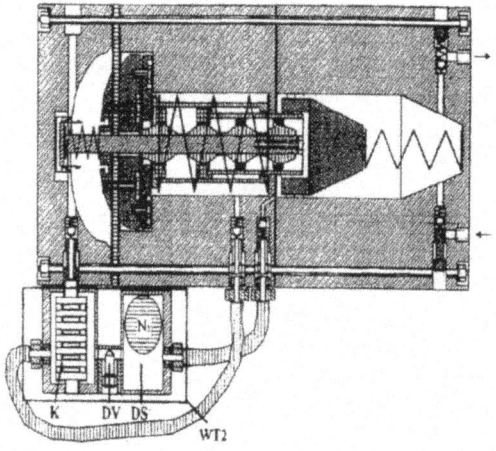

Quelle: Etzold-Elektrotechnik

Die technische Neuheit bei der THP nach Herrn Etzold ist, dass eine fortlaufende, volumenorientierte Medienförderung ohne zusätzlichen Strom oder Hilfsenergie möglich ist. Dies wird durch Ausdehnung einer Flüssigkeit in einem geschlossenen Behälter in der THP erreicht. Hierfür ist eine kontinuierliche und gleichbleibende Wärmewirkung in der Pumpe notwendig, was durch einen internen Kreislauf ermöglicht wird. Somit kann aufgrund dieser Temperaturausdehnung die Stromerzeugung aus Abwärme erfolgen. Die Thermohydraulische Pumpe ist nahezu geräuschlos, weil sie keine rotierenden Teile besitzt. Deshalb gilt sie auch als verschleißarm und sicher in der Anwendung.

Technische Daten

- Maße: 400 mm x 400 mm
- Tiefe: 50 mm
- Fläche: ca. 0,16 m^2
- Leistung: ca. 50 Watt/pro Stunde
- notwendige Temperaturdifferenz: 30 Kelvin
- Gewicht: 3 – 5 Kg
- voraussichtlicher Preis für eine THP inkl. Peripherie: 82,50 Euro exklusive MwSt.

Technische Eigenschaften

- Umformung von Abwärme, Restwärme in elektrischen Strom ohne zusätzliche Hilfsenergie
- selbststartender, in sich geschlossener Vorgang
- Betrieb ohne umweltgefährdende Stoffe
- keine schädlichen Emissionen
- Nutzung verschiedener thermischer Energiequellen im industriellen Bereich
- individuelle Aneinanderreihung der Module möglich

III. Die Märkte

Für die weitere Entwicklung und dem darauffolgenden Aufbau eines Prototypen wollte der Erfinder zunächst Informationen darüber haben, ob überhaupt eine Nachfrage nach dem Produkt vorhanden ist. Daraufhin wurde in Zusammenarbeit zwischen einer Technologieagentur aus Dresden und der Technischen Universität Freiberg die im Punkt I.2. bereits erwähnte Marktrecherche zu den Marktchancen der Thermohydraulischen Pumpe durchgeführt. Sie fand im Jahr 2005 statt. In dieser Marktrecherche wurden die Märkte: Hersteller von Großküchengeräten, Hersteller in der Keramik- und Glasindustrie, Auto/Mobiles und Chemieindustrie untersucht. Die Tabelle 1 beschreibt die Argumente, die dazu führten, drei der vier genannten Märkte von einer tiefgreifenderen Untersuchung auszuschließen.

Tabelle 1: Ausschlusskriterien für einzelne Märkte

Märkte	Ausschlusskriterium
Hersteller von Großküchengeräten	Die Hersteller von Abluftgeräten (z.B. Ablufthauben für Großherde) stehen einem Einsatz der THP eher skeptisch gegenüber. Der Grund liegt darin, dass es im Moment schwer zu beurteilen ist, ob die höheren Produktionskosten durch die Implementierung der THP von der Nachfrage abgedeckt werden können. Die Anwender dieser Geräte stehen einer Verwendung der THP positiv gegenüber, weil die Küchengeräte eine lange Lebensdauer aufweisen und sich deshalb der nachträgliche Einbau lohnen würde. Aufgrund der vorliegenden Informationen kann somit keine allgemeingültige Aussage getroffen werden.
Hersteller in der Keramik- und Glasindustrie	Grundsätzlich würde auch in diesen zwei Branchen einem Einsatz aus technischen Gesichtspunkten nichts entgegenstehen. Die Massenkeramik, die in permanent laufenden Produktionsprozessen entsteht, ist in Deutschland einem harten Wettbewerb von Unternehmen aus den Billiglohnländern ausgesetzt. Die deutschen Unternehmen stehen bei der Preisgestaltung unter einem starken Zugzwang, so dass es fraglich ist, ob sie die Investition in die THP wagen. In der Glasindustrie konnte kein einheitliches Meinungsbild über die Vorteilhaftigkeit der THP erzielt werden.

	Ein Teil der befragten Unternehmensexperten befürchtet, dass die THP die für den Produktionsprozess notwendige Wärme entzieht und ein anderer Teil der Befragten in den Unternehmen wollte einen Prototypen ausprobieren. Wenn dieses angesprochene technische Problem des Wärmeentzuges gelöst wird, dann könnte sich ein Markt ergeben, weil auch hier ein ständig ablaufender Produktionsprozess stattfindet.
Auto/Mobiles	Die Ansprechpartner bei den Herstellern von Personenkraftwagen standen einem Einsatz der THP sehr negativ gegenüber. Die Verwendung scheitert derzeit an mehreren Faktoren: Die THP ist zu schwer und nimmt zu viel Platz weg. Außerdem ist noch unklar, ob bei einem Unfall die kantigen Bauteile der THP eine zusätzliche Verletzungsgefährdung für die Insassen darstellen. Der Wirkungsgrad ist noch zu gering und im Allgemeinen könnten sich Probleme bei der Wärmeabfuhr aus dem Auto ergeben. Im Bereich der Campmobile und des Schiffbaus könnte ein Einsatz der THP sinnvoll sein. So benötigen Campmobile, die einen längeren Zeitraum an einem Ort ohne Anbindung an das Stromnetz stehen, dringend Strom. Dieser Bereich konnte aber nicht weitergehend in der Vorrecherche untersucht werden. Eine erhebliche Umgestaltung der THP wäre im Schiffbau notwendig, um sie z.B. in den Schiffsmotorenbereich einbauen zu können. Dazu sind umfangreiche Konzeptänderungen erforderlich. Die Recherchen ergaben, dass die Nachfrage zu gering ist, um diese tiefgreifenden Änderungen zu rechtfertigen.

Es hat sich gezeigt, dass im Teilmarkt Personenkraftwagen und Schiffbau die Markteinführung mit sehr hohen Kosten verbunden wäre. Alle anderen untersuchten Märkte sollten aufgrund der Ergebnisse noch nicht vollständig vernachlässigt werden. Die Voruntersuchung konnte aber für die chemische Industrie das eindeutigste Interesse an einer Verwendung der Thermohydraulischen Pumpe ermitteln. Deshalb kann dieser Markt als möglicher Zielmarkt in Frage kommen und wird im folgenden Kapitel genauer beleuchtet.

IV. Markt Chemische Industrie
1. Prognoseinformationen für das Marktpotenzial[49]

Die chemische Industrie ist neben dem Kraftfahrzeugbau, der Elektrotechnik und dem Maschinenbau der viertgrößte Wirtschaftszweig in Deutschland. Ihr Anteil am Gesamtumsatz des verarbeitenden Gewerbes beträgt 2005 10 %. Das deutsche Chemiegeschäft erlebt seit 2004 einen Produktionsaufschwung, der sich auch 2005 kontinuierlich fortsetzt. In Tabelle 2 ist weiterhin erkennbar, dass 2005 bei allen weiteren Kennzahlen (Beschäftigte, Exporte, Importe, Investitionen und FuE-Aufwendungen) eine Zunahme oder zumindest eine Konstanz zu verzeichnen ist. Dieser Industriezweig umfasste 2004 insgesamt 3.298 Unternehmen, die sich nach der amtlichen Abgrenzung in 7 Geschäftsbereiche gliedern (siehe dazu Tabelle 3). Neben den namhaften weltweit agierenden und bekannten Konzernen (z.B. Bayer AG, BASF AG, BP Chemicals AG) sind mehr als 90 % kleine und mittlere Unternehmen (KMU) mit weniger als 500 Beschäftigten vorhanden.

Tabelle 2: Wirtschaftliche Kennzahlen der deutschen chemischen Industrie

	1995	2000	2004	2005
Gesamtumsatz (in Mrd. Euro)	112,3	135,0	142,1	152,8
Produktion (gg. Vorjahr in %)	+2,1	+2,7	+2,5	+5,2
Beschäftigte (in Tsd.)	536	470	445	441
Exporte (in Mrd.Euro)	51,8	79,6	96,5	104,7
Importe (in Mrd. Euro)	32,3	52,7	66,5	73,8
Sachanlageninvestitionen in Deutschland (in Mrd. Euro)	5,8	6,8	5,2	5,3*
FuE-Aufwendungen (in Mrd. Euro)	5,3	7,1	8,0	8,5

* VCI Schätzung

---

[49] Alle Informationen und Daten zur Charakterisierung der Chemischen Industrie stammen vom Verband der Chemischen Industrie e.V. (VCI) und dem Statistischen Bundesamt.

Tabelle 3: Anteile der Geschäftsbereiche an der Gesamtproduktion (2000)

Sparte	Anteil in % (2000)
Chemische Grundstoffe	48,47
Schädlingsbekämpfungs-, Pflanzen- schutz- und Desinfektionsmittel	0,93
Anstrichmittel, Druckfarben und Kitte	7,84
Pharmazeutische Erzeugnisse	22,44
Seifen, Waschen-, Reinigungs- und Körperpflegemittel sowie Duftstoffe	7,73
Sonstige chemische Erzeugnisse	9,42
Chemiefasern	3,17

Die öffentliche Wahrnehmung ist aber stark durch diese Großbetriebe geprägt. Dabei stellt der Mittelstand eine wichtige Säule der chemischen Industrie dar, denn er beschäftigt jeden dritten Arbeitnehmer in der Branche und erwirtschaftet jeden vierten Euro. Der Mittelstand agiert hier meist als Abnehmer der Großunternehmen. Er besitzt selten eine Zulieferfunktion. Die chemische Industrie produziert eine Vielzahl an Grundchemikalien, Zwischen- und Fertigprodukte für alle Lebensbereiche. Sie stellt zum einen Vorprodukte wie z.B. Kunststoffe oder Lacke zur industriellen Weiterverarbeitung her. Zum anderen werden z.B. Pharmazeutika und Waschmittel als Endprodukte, die der Endkunde direkt nutzen kann, produziert. Die Produktpalette ist einer kontinuierlichen Veränderung unterworfen. Da die Abnehmerunternehmen ständig ihre Produktpalette ändern und erneuern, benötigen sie auch immer neue chemische Werkstoffe. Der Grund liegt in der sich fortlaufend verändernden Nachfrageentwicklung. Des Weiteren steht die Branche durch die zunehmende Globalisierung im internationalen Chemiesektor in einem länderübergreifenden Wettbewerbsdruck, was den Drang nach innovativen Produkten und Kostensenkungsmaßnahmen begründet. Somit ist eine ständige Innovationstätigkeit notwendig. Deshalb hat die chemische Industrie, wie die Abbildung 3 zeigt, nicht nur bei den Sachanlageinvestitionen, sondern auch bei den FuE-Ausgaben einen überdurchschnittlich hohen Anteil am gesamten verarbeitenden Gewerbe in Deutschland. Die Forschung und Entwicklung ist eine zentrale Stärke der chemischen Industrie in Deutschland, die aus ihrer fundamentalen Wissensbasis heraus entsteht. Allein 8,5 Milliarden Euro wurden 2005 im Inland für FuE ausgegeben. Weiterhin besitzt die Branche mit 20,9 % den höchsten Anteil am industriellen Energiebedarf in Deutschland.

Anhand der Daten des Eurostat Institutes[50] wird die Strompreisentwicklung[51] von 2000 bis 2005 an dem in der Abbildung 4 gezeichneten Graphen verdeutlicht. Der Indikator auf der Y-Achse stellt den Strompreis in Euro (ohne Steuern) für die deutsche Industrie dar. Demgegenüber zeigt die Abbildung 5 den Stromverbrauch in Terajoule.

Abbildung 3: Anteile der chemischen Industrie am verarbeitenden Gewerbe

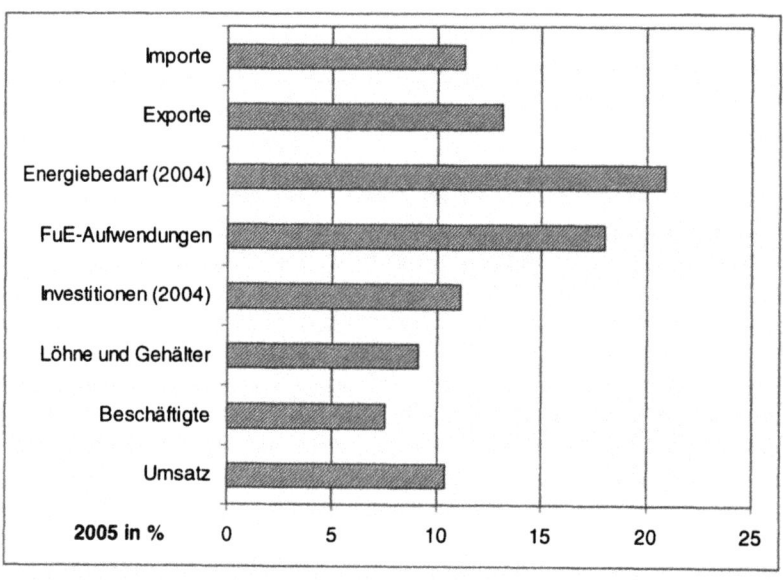

---

[50] Das „Eurostat Institute" ist ein Informationsdienstleister für die Europäische Union.
[51] Definiert ist der Industriekunde durch einen Jahresverbrauch von 2000 MWh, eine Höchstabnahmemenge von 500 kW und eine jährliche Benutzungszeit von 4000 Stunden. Die Preise werden immer zum 1. Januar eines Jahres erhoben.

Abbildung 4: Entwicklung des Strompreises für deutsche Industriekunden

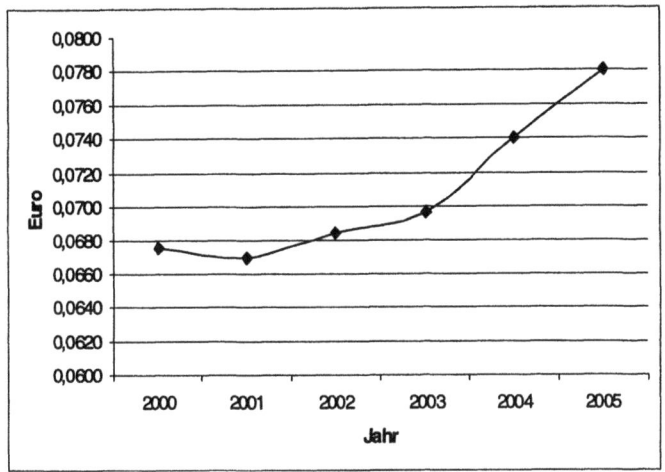

Abbildung 5: Stromverbrauch der chemischen Industrie von 1995 bis 2004

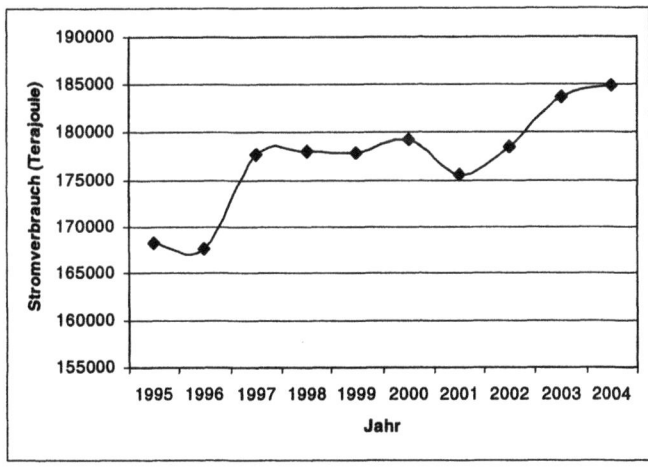

Mit seiner umfangreichen Infrastruktur hat dieser große Industriezweig einen starken Einfluss auf die Entwicklung der Umwelt. Zum Aspekt der Verantwortung gegenüber der Umwelt und den Menschen schreibt der VCI: „Die chemische Industrie trägt nach eigenen Angaben eine große Verantwortung für Umwelt und Menschen. Daher nimmt der Umweltschutz einen wichtigen Platz in den Unternehmensstrategien ein. Die viertgrößte Branche in Deutschland beteiligt sich seit 1991 an der weltweiten Initiative „Responsible Care" (verantwortliches Handeln)." Mit diesem Engagement bekennt sie sich insbesondere zu Produktverantwortung und Nachhaltigkeit. In der praktischen Umsetzung bedeutet dies, dass Umweltbelastungen verringert werden sollen. Dafür investierte die Branche im Jahr 2004 ungefähr 330 Millionen Euro in den Umweltschutz und hier ganz besonders in Maßnahmen zum Gewässerschutz und zur Luftreinhaltung. Diese Handlungen sind im Interesse der Bevölkerung, denn eine Umfrage[52] durch ein angesehenes Meinungsforschungsinstitut ergab, dass die Chemiebranche bei der Frage: Wie beurteilen Sie die Auswirkungen der chemischen Industrie auf die Umwelt und die eigene Gesundheit? – durchgängig eine sehr schlechte Beurteilung bekommen hat (siehe Abbildung 6).

Abbildung 6: Meinungsbild über die chemische Industrie in Deutschland

Meinungen	Beurteilung schlecht gut
	1 2 3 4 5 6
Umweltgefährdung	
Gesundheitsgefährdung	
Technischen Fortschritt	
Arbeitsplätze	
Gewinnpotential	

Um die Chemiebranche systematisch untersuchen zu können, wurden als erstes jeweils zwei Unternehmen aus den sieben Geschäftszweigen nach der technischen Einsetzbarkeit und dem Interesse an dem neuen Produkt befragt. Bei diesem Vortest stellte sich heraus, dass die Thermohydraulische Pumpe in drei Geschäftszweigen eine Anwendungsmöglichkeit in der Produktion haben könnte. Die Unternehmen aus den Zweigen: Chemische Grundstoffe; Anstrichmittel, Druckfarben und Kitte und Pharmazeutische Erzeugnisse könnten sich vorstellen die THP einzusetzen. Des Weiteren bejahten Sie die Frage nach dem Willen dieses Produkt auch von einem kleinen, im Bundesland Sachsen ansässigen Unternehmen abnehmen zu wollen. Die Befragten begründeten ihre Antwort mit der Aussage, dass sie in absehbarer Zukunft keine Ersatzteile vom Lieferanten beziehen müssten, weil die THP einfach und robust konstruiert sei. Dieser Bezug von Nachfolgekomponenten stellt das Hauptproblem beim Kauf von

---

[52] Hierzu wurden insgesamt 2000 Menschen zwischen 18 und 70 Jahren in ganz Deutschland mit einem standardisierten Fragebogen telefonisch befragt.

Gütern neu gegründeter Unternehmen dar. In Tabelle 4 lässt sich die Umsatzentwicklung der drei ermittelten Chemiezweige ablesen.

Tabelle 4: Umsätze in den drei ermittelten Geschäftszweigen

Geschäftszweig	1995	2000	2004	2005
Chemische Grundstoffe (in Mill. Euro)	40.886,3	51.692,4	53.136,0	55.874,7
Anstrichmittel, Druckfarben und Kitte (in Mill. Euro)	7.122,8	8.379,9	8.192,2	8.306,7
Pharmazeutische Erzeugnisse (in Mill. Euro)	18.035,4	20.984,2	24.424,6	27.966,9

Der Geschäftszweig „Pharmazeutische Erzeugnisse" nimmt dabei stetig überproportional im Vergleich zur Gesamtwirtschaft zu. Ein Grund könnte darin liegen, dass die Menschen immer älter werden. Bereits jeder dritte Mensch in Europa wird 2030 die Altersgrenze von 60 Jahren überschreiten. Zwischen 50 und 80 Jahren steigt der Medikamentenverbrauch an, d.h. die Nachfrage nach Arzneimitteln wächst mit der zunehmend alternden Gesellschaft. Die Abbildung 7 stellt die Entwicklung der Gesundheitsausgaben von 1995 bis 2004 je Einwohner in Deutschland dar. In Industrienationen mit steigendem Lebensstandard erhält die Gesundheit einen immer höheren Stellenwert.

Abbildung 7: Entwicklung der Gesundheitsausgaben von 1995 bis 2004

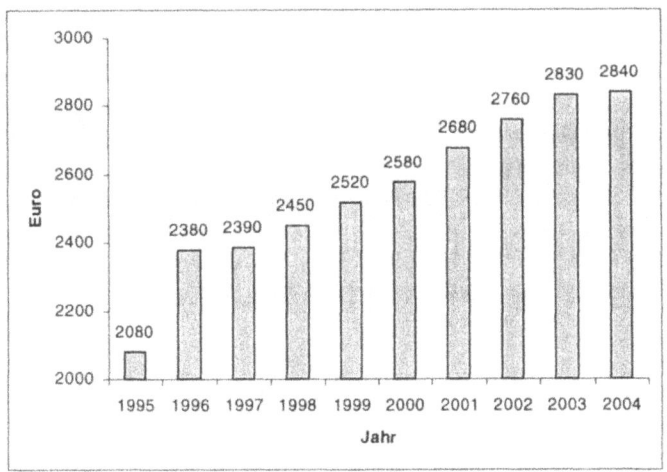

Für die Einschätzung des Marktvolumens dieses Industriezweiges wurden weitere Befragungen in den drei herausgestellten Chemiezweigen durchgeführt.

2. Ermittlung des Marktvolumens

Da es sich bei der THP um ein innovatives, noch nicht am Markt befindliches Produkt handelt, kann das Marktvolumen nicht aus sekundärstatistischen Daten entnommen werden, sondern ist nur auf der Grundlage von Befragungsergebnissen schätzbar. Dazu wird die Anzahl der potenziellen Kunden anhand der positiven Rückmeldungen angenommen (vgl. Tabelle 5).

Tabelle 5: Potenzielle Kunden für die Thermohydraulische Pumpe

Geschäftszweig	Anzahl an Unternehmen in Deutschland	Befragte Unternehmen	Interesse an einem Einsatz der THP in %	Potenzielle Kunden
Chemische Grundstoffe	1598	10	50	799
Anstrichmittel, Druckfarben und Kitte	259	10	50	129,5
Pharmazeutische Erzeugnisse	740	10	25	185
Summe	2597	30		1113,5

Die befragten Unternehmen gaben an, dass sie einen zusätzlichen durchschnittlichen Kilowattbedarf von 250 kW haben. Für die Erzeugung dieses Strombedarfs werden 5000[53] Pumpen benötigt. Da bei einem Neueintritt in den Markt nur ein sehr geringer Teil der Unternehmen als Kunden gewonnen werden kann, wird bei der Ermittlung des möglichen Branchenumsatzes angenommen, dass 1 % der 1113,5 potenziellen Unternehmen als Kunden im ersten Jahr in Frage kommen. Bei 11 Kunden, die jeweils 5000 Pumpen zum Stückpreis von 82,50 Euro abnehmen, ergibt sich letztendlich ein Gesamtumsatz von 4.537.500 Euro. Herr Etzold rechnet mit einer Gewinnspanne von 10 % pro Pumpe.

---

[53] Für 1 kW müssen 20 THP verwendet werden (1 kW = 1000 Watt / 50 Watt Leistung pro THP).

3. Alternativtechnologie

Für die chemische Industrie hat sich die Thermodynamische Pumpe (TDP) von der deutschen Firma Tamak Pumpen GmbH&Co. KG als Konkurrenzprodukt herauskristallisiert. Die Thermodynamische Pumpe nutzt wie die THP ein Dehnmedium, das sich bei Erwärmung ausdehnt, um in einem Kolben Druck zu erzeugen. Anders als bei der THP wird dieser entstandene Druck hier aber rein zu Pumpzwecken und nicht für die Erzeugung von Strom genutzt. Bei der TDP befinden sich das Dehnmedium und die zu pumpende Flüssigkeit in einem Behälter. Die TDP ist von der Grundidee her nicht für die Nutzung von Restwärme vorgesehen, sie kann aber auch in eine Restwärmenutzung integriert werden. Bei ihr wird über einen Kreislauf externe Energie zur Wärmeerzeugung zugeführt oder über einen anderen Kreislauf Energie zur Abkühlung abgeführt. Diese Pumpe arbeitet mit einem höheren Wirkungsgrad als die THP und ist aufgrund ihrer einfachen Bauweise nach Aussage der Firma Tamak Pumpen wenig verschleißanfällig, besitzt eine hohe Lebensdauer und führt zu geringeren Wartungskosten, als es bei der THP im Einsatzgebiet chemische Industrie der Fall ist. Neben den viel größeren Abmessungen und dem längeren Pumpvorgang, kann der Einsatz nur im Hochtemperaturbereich ab 100°C Restwärme und der offene Kreislauf als Nachteil gegenüber der Innovation von Herrn Etzold herausgestellt werden. Die Abbildung 8 zeigt die relativen Produktvorteile der THP, die von den Befragten im Vergleich zur THP bewertet wurden. Außerdem ist zu sehen, welche Vorteile ein Idealprodukt gegenüber den anderen Technologien aufweisen sollte.

4. Konkurrenzanalyse

Alle Unternehmen, die über das notwendige Know-how zur Pumpenproduktion verfügen, sind als potenzielle Konkurrenten anzusehen. Da die THP noch nicht als Prototyp existiert, kann es durchaus sein, dass potenzielle Konkurrenten durch ihre besonderen technischen Fähigkeiten und Fertigkeiten schneller in den Markt eintreten oder die THP imitieren. Das im Folgenden charakterisierte Unternehmen muss derzeit als Hauptkonkurrent betrachtet werden.

Das Unternehmen Tamak Pumpen GmbH&Co. KG ist 1974 in Deutschland gegründet worden und verfügt über eine umfangreiche Erfahrung auf dem Gebiet der Pumpenproduktion und des nationalen sowie internationalen Vertriebs ihrer Produkte. Es vertritt die Philosophie, mit der Entwicklung neuer Produkte immer das Ziel anzustreben, die Natur und Umwelt schützen zu wollen. Es ist heute zu 100 % in Familienbesitz. Im Unternehmen sind 70 Mitarbeiter beschäftigt. Mehr als die Hälfte der produzierten Pumpen werden in über 50 Ländern exportiert. Somit geht von diesem spezialisierten Pumpenhersteller eine nicht zu unterschätzende Konkurrenz aus. Diese Gefahr könnte sich zum ersten in einer schnellen Anpassung der eigenen Thermodynamischen Pumpe und zum zweiten in einem möglichen Nachbau der Thermohydraulischen Pumpe ergeben. Ein Stärken-Schwächen-Profil dieses Unternehmens kann aufgrund fehlender detaillierter Informationen nicht dem der Firma Etzold-Elektrotechnik gegenüber gestellt werden.

Abbildung 8: Relative Produktvorteile der THP im Vergleich

Eigenschaften	Beurteilung schlecht gut
	1 2 3 4 5 6
Nutzungsdauer	
Wartungskosten	
Wirkungsgrad	
Rentabilität	
Leistung pro Stunde	
Sicherheit	
THP ——— TDP ------ Idealprodukt -·-·-·-	

5. Ausgestaltung der einzelnen Marketinginstrumente
a. Produktpolitik

Die chemische Industrie ist eine komplexe Branche, in der die Bedürfnisse des produzierenden Sektors nicht mit allgemeinen und einfachen Produktlösungen zu befriedigen sind. Die Verschiedenheit der einzelnen Produktionsprozesse und –anlagen ergibt sich durch die Vielzahl der Geschäftszweige (siehe IV.1.). Deshalb ist es bei der Produktgestaltung notwendig auf diese spezifischen Gegebenheiten einzugehen. Die interviewten Mitarbeiter in den drei untersuchten Chemiezweigen (siehe IV.2.) gaben an, dass der Einsatz dieser THP immer in Abstimmung mit dem jeweiligen chemischen Prozess oder in Übereinstimmung mit der Infrastruktur der Produktionsstätte gebracht werden muss. Die Unternehmen legen großen Wert auf Individuallösungen mit qualitativ hochwertigen Produkten. Die Firma Etzold besitzt dafür die notwendigen Spezialwerkzeuge und Maschinen. Die THP wird am eigenen Standort aus Zukaufteilen entsprechend den Kundenbedürfnissen zusammengesetzt. Ein Problem könnte sich allerdings bei der geschätzten Produktionsmenge ergeben (siehe IV.2.), weil die vorhandenen Räumlichkeiten zu klein werden. Herr Etzold müsste mindestens einen $100m^2$ großen Raum anmieten. Der marktübliche Quadratmeterpreis für eine Gewerbefläche in Dresden beträgt zur Zeit 10,- Euro Brutto im Monat. Um die Aufträge in der Produktion auch bewältigen zu können, sollen je nach Bedarf freie Mitarbeiter eingestellt werden. Zusätzlich zeigt die Abbildung 9 welche Bedeutung einzelne Eigenschaften der THP für die Abnehmer haben.

Abbildung 9: Produkteigenschaften der THP aus Sicht des Abnehmer

Eigenschaften	Beurteilung
	unwichtig wichtig
	1 2 3 4 5 6
Maße	
Gewicht	
Leistung	
Wirkungsgrad	
Betriebsdauer	
Verschleißhäufigkeit	
Umweltfreundlichkeit	
Stabilität des Aufbaus	
Geräuscharmut	
Preis	

b. Preispolitik

Die vorhandene Produktinnovation befindet sich kurz vor der Entscheidung zum Bau eines Prototypen, so dass sich die Determinanten der Preispolitik marktorientiert gestalten ließen. Allerdings konnte durch die Befragung nicht festgestellt werden, welcher Preis für die THP am Markt akzeptiert wird. Die interviewten Unternehmen hielten aber einen Preis, der eine Amortisationsdauer von drei bis vier Jahren in diesem industriellen Investitionsgütermarkt ermöglicht, für unabdingbar.

In der chemischen Industrie ist es üblich, dass der Besteller eines Industriegutes erst nach ordnungsgemäßer Installation und Inbetriebnahme die ausstehende Forderung vom Lieferanten begleicht. Hierbei wird ihm in der Regel 2 % Skonto vom Rechnungsbetrag ohne Versicherungs- und Transportleistung gewährt. Dafür muss er den Rechnungsbetrag innerhalb von 14 Tagen begleichen. In Ausnahmefällen, wenn es sich um eine hohe Investitionssumme handelt und der Lieferant auch hier in Vorleistung gehen müsste, kann eine geteilte Vorauszahlung vom Besteller zu bestimmten Terminen gewünscht werden. Diese Termine orientieren sich an der Auftragsabwicklung. Die Zahlungsbedingungen werden durch individuelle Verträge geregelt.

c. Kommunikationspolitik

Bei der Auswahl des geeigneten Werbeprogramms ist es notwendig, auf die branchenspezifischen Kommunikationsinstrumente zu setzen. Dadurch kann zunächst einmal Aufmerksamkeit und Interesse für das neue Produkt erzeugt werden. Welche Medien nutzen die Mitarbeiter in der chemischen Industrie, um sich über Neuigkeiten in ihrer Branche zu informieren? Um diese Frage beantworten zu können, sollten die Befragten deshalb angeben, wie wichtig ihnen die in der Abbildung 10 aufgelisteten Instrumente bei ihrem Informationsverhalten (Informationssuche und -auswahl) im Hinblick auf innovative Produkte sind.

Abbildung 10: Bedeutung von Kommunikationsinstrumenten

Kommunikationsinstrument	Beurteilung unwichtig wichtig
	1 2 3 4 5 6
Fachzeitschriften	
Publikationen von Verbänden	
Zeitungen	
Internet	
Messen/Fachausstellungen	
Kongresse	
Filme	
Prospekte	
Warenproben	
Testinstallationen	

Aus den geführten Gesprächen wurde deutlich, dass es bei Gütern, die in bestehende Produktionsanlagen eingebaut werden sollen, immer im vornherein festgelegte Besichtigungs- und Präsentationstermine gibt. Bei einem ersten Treffen wird die Produktionsanlage vor Ort genau besichtigt. Während der sich anschließenden Produktpräsentation stellt sich das Unternehmen vor und erläutert danach das Produkt. Dazu werden oft multimediale Instrumente, wie z.B. Filme auf DVD oder CD und professionelle Foliendarstellungen, genutzt. Besteht danach der Wunsch nach diesem Erzeugnis, dann wird im zweiten Schritt ein Umsetzungskonzept für den betreffenden Betrieb entwickelt, was wiederum präsentiert werden muss. Die Entwicklung des Umsetzungskonzeptes erfolgt dabei in Absprache mit dem jeweiligen Unternehmen. Wenn das Konzept von den verantwortlichen Leitungsinstanzen akzeptiert ist, kommt es zum endgültigen Vertragsabschluss. Aus den Rechercheergebnissen und eigenen Einschätzungen kann gesagt werden, dass das kleine Unternehmen ein Budget von 40.000 Euro Brutto für die Kommunikationspolitik einplanen muss.

d. Distributionspolitik

Abbildung 11: Anforderungen an den Vertrieb

Leistungen	Beurteilung	
	unwichtig	wichtig
	1 2 3 4 5 6	
Persönliche Beratung		
Individuelle Finanzierung		
Garantieleistungen		
Lieferbedingungen		
Reparaturservice		
Lieferfristen		

Die THP ist ein erklärungsbedürftiges Produkt. Die Anzahl der benötigten Thermohydraulischen Pumpen wird vom Produktionsprozess abhängig sein und müsste deshalb je nach Auftragshöhe termingerecht gefertigt werden, so dass eine Lagerung vorab wegfällt. Weiterhin ist mit einer regional konzentrierten Nachfrage zu rechnen, weil die Unternehmen mit ihren Produktionsstätten feste Standorte haben. Die akquirierten Kunden werden die Thermohydraulischen Pumpen nur in sehr großen Abständen kaufen. Wenn die Pumpen einmal in den Herstellungsprozess integriert wurden, dann sind neue Pumpen nur bei vollständigen Defekten oder bei Erweiterungen der Produktionsanlage notwendig. Die Unternehmen wollen immer einen unmittelbaren Kontakt zum Lieferanten haben. Dafür müsste ein fähiger Mitarbeiter für Vertriebs- und Marketingarbeiten eingestellt werden. Dieser würde durchschnittlich in der betrachteten Branche und dem regionalen Umfeld am Unternehmenssitz der Etzold-Elektrotechnik ein Jahresgehalt von mindestens 60.000 Euro inklusive Arbeitgeberanteil fordern. Herr Etzold möchte den neuen Mitarbeiter aber zunächst nur für ein Jahr befristet einstellen. Die Abbildung 11 verdeutlicht die zusätzlichen Anforderungen an den Vertrieb in der chemischen Industrie.

V. Fragen

1. Beurteilen Sie, ob die Firma Etzold-Elektrotechnik den Markteinstieg in der chemischen Industrie wagen sollte? Bestimmen sie dazu die Break-even-Menge und vergleichen sie diese mit dem geschätzten Marktvolumen aus dem Punkt IV.2.!
2. Aufbauend auf dem Ergebnis aus Frage 1 begründen Sie ihre Entscheidung mit qualitativen Argumenten! Treffen Sie hierfür auch eine Aussage darüber, welche Strategie bei einem Markteintritt gewählt werden sollte!
3. Welche Empfehlungen geben Sie dem Erfinder Herr Etzold für die Ausgestaltung des Marketing-Mix?

G. Das LED-Informationssystem *

Diana Grosse

Inhaltsverzeichnis

I. Das Unternehmen 119
   1. Allgemeine Firmendaten und Unternehmensgeschichte 119
   2. Ressourcenanalyse 119
II. Das Produkt: die SMT-TOPLED-Anzeige 121
III. Die Märkte 123
IV. Werbung im Einzelhandel 124
   1. Prognosedaten für das Marktpotential 124
   2. Prognosezahlen für das Marktvolumen 124
   3. Alternativtechnologien 125
   4. Konkurrenten im Markt für Einzelhandelswerbung 127
      a. Qualitätsanbieter 127
      b. Hauptkonkurrenten 128
   5. Ausgestaltung der einzelnen Marketinginstrumente 128
      a. Produktgestaltung 128
      b. Werbung und Distribution 129
   6. Controlling 129
V. Fragen 129

---

* Alle Namen sind frei erfunden, Ähnlichkeiten mit bestehenden Unternehmen oder Produkten sind zufällig.

Abbildungs- und Tabellenverzeichnis

Abbildung 1: Stärken- und Schwächenprofil 120
Abbildung 2: Beispiel eines LED-Displays (1) 121
Abbildung 3: Beispiel eines LED-Displays (2) 121
Abbildung 4: LED-Anzeige (Skizze) 123
Abbildung 5: Vergleich von LED- und LCD-Umsätzen 126
Abbildung 6: Stärken-Schwächenprofil des Unternehmens und Medio Text Konkurrenten 127
Abbildung 7: Eigenschaften SMT-TOPLED: Anzeige, Standard LCD-Anzeige, Kundenwünsche 128

Tabelle 1: Prognosevariablen für Marktpotential 124
Tabelle 2: Potentielle Nachfrage 125
Tabelle 3: Branchenumsatz 125
Tabelle 4: Absatzzahlen der Werbeträger 2004 in Mio. € 126

I. Das Unternehmen
1. Allgemeine Firmendaten und Unternehmensgeschichte

Unternehmensgeschichte:
Das Unternehmen wurde am 1.5.1991 in Riesa gegründet und beschäftigte anfangs 4 Personen. Am 1.11.1993 kaufte das Unternehmen die „Elektronik GmbH Riesa", ehemals Teilbetrieb des Kombinates „Robotron" der DDR, von der Treuhand. Dessen hauptsächliche Aktivitäten bestanden damals in der Produktion von Leiterplatten für Großrechenanlagen, PC und Rundfunkgeräten. Diese Übernahme der Elektronik GmbH führte zu einer Ausweitung der Geschäftstätigkeit des Unternehmens. Neben einer Vergrößerung der Produktionskapazität erhöhte sich die Mitarbeiteranzahl auf 98. Seitdem wuchs das Unternehmen kontinuierlich. Heute kann es mit einem Umsatz von ca. 50 Mio. € als mittelständiges Unternehmen bezeichnet werden.

Geschäftstätigkeit des Unternehmens:
Das Hauptgeschäftsfeld liegt derzeit in Dienstleistungen für verschiedene Firmen auf dem Gebiet der Leistungselektronik, d.h. in der Entwicklung und Fertigung von elektronischen Baugruppen in konventioneller und SMD-Technik (Leiterplattenbestückung) inklusive Muster- und Gerätebau. Das Unternehmen beabsichtigt, seine Aktivitäten durch die Herstellung von LED-Anzeigen horizontal zu differenzieren. Es bestehen Synergien in der Produktion, da diese TOPLED-Anzeigen ohne weiteres mit vorhandenen Anlagen hergestellt werden können. Als Imitationsschutz wurde ein Patent auf diese LED-Anzeigen erworben.

2. Ressourcenanalyse
Die Bewertung der Ressourcen erfolgt mit Hilfe eines Stärken- und Schwächenprofils.

Abbildung 1: Stärken- und Schwächenprofil

Potentiale	Beurteilung schlecht　　　mittel　　　　gut
1. Ressourcenausstattung 　• Produktionskapazität 　• Finanzielle Mittel	0　1　2　3　4　5　6　7　8　9　10
2. Kompetenzen 　• Forschung und Entwicklung 　• Marketing 　• Produktion 　• Beschaffung 　• Führung/Organisation 　• Qualität Mitarbeiter	0　1　2　3　4　5　6　7　8　9　10
3. Marktposition 　• Marktanteil 　• Bekanntheitsgrad beim Kunden	0　1　2　3　4　5　6　7　8　9　10
4. Entwicklungspotentiale 　• Erweiterung der Produktionskapazität 　• Flexibilität 　• Rationalisierung	0　1　2　3　4　5　6　7　8　9　10

Die größte Kompetenz des Unternehmens liegt im FuE-Bereich und basiert auf den hohen Fachkenntnissen seiner Mitarbeiter. Allerdings sind die Mitarbeiter zu 90 % mit der Produktion der bisherigen Bauteile ausgelastet. Dies trifft ebenso für die Mitarbeiter im Einkauf und im Vertrieb zu. Da die finanziellen Mittel begrenzt sind, können auch nicht in großem Umfang neue Mitarbeiter eingestellt werden. Technisch ist es zwar möglich, die LED-Anzeigen auf den bereits vorhandenen Maschinen zu fertigen. Dazu müssten allerdings neue Maschinen angeschafft werden, denn die vorhandenen sind voll ausgelastet. Diesen Umstand, dass Produktionsanlagen vorhanden, aber nicht verfügbar sind, soll die Zahl 5 ausdrücken.

Natürlich besitzt das Unternehmen auf dem Markt für LED-Anzeigen noch keinen Marktanteil, ist aber den Kunden als Unternehmen mit elektronischer Kompetenz bekannt.

II. Das Produkt: die SMT-TOPLED-Anzeige

Bei der Innovation handelt es sich um ein Informationssystem in Form eines LED-Displays. Einsatzmöglichkeiten für dieses Produkt sind z.B. Werbetafeln, Fahrgastinformationssysteme bei Bussen und Bahnen sowie Messebeschilderungen.

Abbildung 2:   Beispiel eines LED-Displays (1)

Abbildung 3:   Beispiel eines LED-Displays (2)

Die Anzeigen mit SMT-TOPLED sind als universell einsetzbare, modular aufgebaute Baugruppen erhältlich, die entweder vom Anwender montiert werden oder gleich als komplettes Gerät bezogen werden können. Die Standardgröße beträgt 16 x 64 Pixel bei einem Abstand von 4 mm. Die Ansteuerung ist auf der Rückseite des Anzeigenfeldes integriert und erfolgt multiplex. Die einzelnen Module werden über einen Steuerrechner bedient. Die wichtigsten Eigenschaften der SMT-TOPLED-Anzeige sind:

- Randlos anreihbar in X- und Y-Richtung
- Gebogene Ausführung möglich bis zu r > 1m
- Großer Abstrahlwinkel
- Geringer Strombedarf
- Grafikfähige Ansteuerung und dimmbar
- Sehr hohe Auflösung
- Hohe Verarbeitungsgeschwindigkeit
- Sehr flache Ausführung (ca. 4mm)
- Anzeigeelemente und Ansteuerung auf einer Leiterplatte
- Verschiedene Farb- und Helligkeitstypen:
  Rot, Orange, Gelb, Grün, Blau, Weiß
- Große Zuverlässigkeit bei Temperaturbelastung

Technische Informationen

Anzeigeneinheit
Struktur:	SMT-TOPLED Matrix mit 1024 Pixel (16 Zeilen x 64 Spalten)
Anzeige:	gleichmäßige Helligkeit, flimmerfrei
Ansteuerung:	seriell, multiplex
Bildwiederholfrequenz:	ca. 60 Hz
Stromaufnahme:	1,5 ... 2,5 A (je nach TOPLED-Farbe)
Gehäusemontage:	Schraubverbindungen
Preis pro Modul:	560 €

Rechnermodul
Kapazität:	1 Rechenmodul kann max. 16 TOPLED-Module ansteuern
Eingabemöglichkeit:	EPROM, PC
Übertragungsgeschw.:	1 MBit/s
Preis:	340 €

Einsatzbedingungen
Temperaturbereich: -40°C bis +85°C
Einsatz in trockenen Räumen, im Freien sind zusätzliche Maßnahmen erforderlich

Abbildung 4: LED-Anzeige (Skizze)

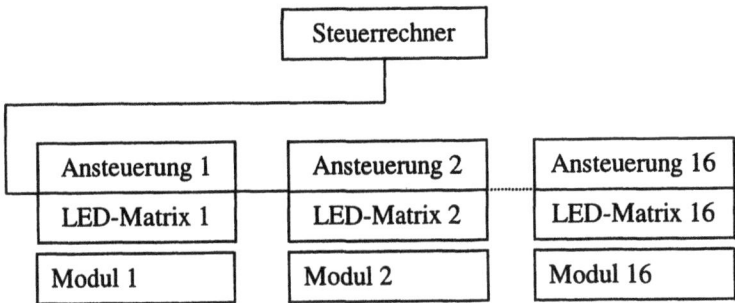

III. Die Märkte

Die Einsatzmöglichkeiten wurden für die 4 Märkte Werbeagenturen, Produktionsinformationsanzeigen, Fahrgastinformationssysteme (Bus, Straßenbahnen) und Werbung im Einzelhandel geprüft. Die ersten 3 Märkte wiesen so große Nachteile auf, dass man nur den Markt: Werbung im Einzelhandel genauer untersuchte.

Märkte	Nachteile
Werbeagenturen	Kunde bestimmt die Art der Werbung
Produktions-informationssysteme	Maschinenhersteller liefern LED-Anzeigen gleich mit
Bus, Bahn	LED-Anzeigen müssen europaweit ausgeschrieben werden, in Deutschland gibt es zwei etablierte große Konkurrenten; da Staat Auftraggeber ist, ist die Nachfrage von den Staatseinnahmen und damit von der wirtschaftlichen Entwicklung abhängig

IV. Werbung im Einzelhandel

1. Prognosedaten für das Marktpotential

Entgegen den Empfehlungen der Theorie, die Mittel an den Zielen auszurichten, legen viele Unternehmen ihre Werbeausgaben aufgrund ihrer Finanzkraft oder ihrer Umsätze fest.[54] Die Umsätze des Einzelhandels wiederum werden bestimmt durch die Determinanten der Nachfrage: Konsumgüterausgaben, Erwerbseinkommen und Sicherheit des Arbeitsplatzes. Tabelle 1 zeigt ihre zeitliche Entwicklung auf.

Tabelle 1: Prognosevariablen für Marktpotential

Variable	1999	2000	2001	2002	2003	2004
Veränderung gegenüber Vorjahr in %:						
Einzelhandelsumsätze	+0,5	+1,2	-	-2,2	-0,5	+0,4
Bruttoinlandsprodukt	+1,8	+2,9	+0,8	+0,2	-0,1	+1,6
Konsumausgaben	+3,1	+3,5	+3,0	+0,3	+0,1	+0,6
Nettoeinkommen private Haushalte	+3,4	+4,1	+3,6	+0,2	-0,9	+2,2
Erwerbstätige	+1,3	+1,6	+0,4	-0,6	-1,0	+0,4
% aller Erwerbspersonen:						
Arbeitslosenquote insgesamt	10,5%	9,6%	9,4%	9,8%	10,5%	10,5%
Arbeitslosenquote Ost	17,6%	17,4%	17,3%	17,7%	18,5%	18,5%

Quelle: Monatsberichte Deutsche Bundesbank, div. Jahrgänge

2. Prognosezahlen für das Marktvolumen

Werbung muss eine Botschaft vermitteln, die im Falle der Produktwerbung aus den Vorzügen des beworbenen Produktes besteht. Diese Übermittlung findet umso eher statt, je stärker Werbemedien und Produkt übereinstimmen. Aufgrund dieser Überlegungen wurde eine Befragung bei Unternehmen, die technische Produkte anbieten, durchgeführt, ob sie sich den Einsatz einer LED-Anzeige als Werbemedium vorstellen könnten. Die Angaben dieser Unternehmen stehen in Tabelle 2.

---

[54] Kotler, Ph.; Bliemel F. (1999), S. 951 ff..

Tabelle 2: Potentielle Nachfrage

Unternehmen	Anzahl*	Einsatz vorstellbar in %	mögliche Kunden
Fahrschulen	75	14	10,5
Autohäuser	135	12	16,2
Apotheken	64	25	16,0
Elektronik	154	40	61,6
Reisebüro	56	25	14,0
Summe	484		118,3

* Anzahl in der Stadt Dresden

Jedes Unternehmen würde 4 LED-Module und 1 Rechnermodul kaufen, dies ergibt einen Umsatz pro Unternehmen von 2.580 €.

Tabelle 3: Branchenumsatz

Branche	Branchenumsatz	in €
Fahrschulen	10,5 x 2.580 =	27.090
Autohäuser	16,2 x 2.580 =	41.796
Apotheken	16,0 x 2.580 =	41.280
Elektronik	61,6 x 2.580 =	158.928
Reisebüro	14,0 x 2.580 =	36.120
Summe		305.214

Zur Prognose der Gesamtnachfrage in der BRD wird angenommen, dass in Städten mit gleich hoher Einwohnerzahl wie Dresden die Nachfrage nach LEDs gleich hoch ist. Es gibt 14 Städte: Dresden, Nürnberg, Bremen, Hannover, Düsseldorf, Wuppertal, Duisburg, Essen, Bochum, Dortmund, Frankfurt a.M., Stuttgart, Saarbrücken und Leipzig. Zunächst wird davon ausgegangen, dass die LED-Anzeigen nur in diesen Städten angeboten werden.

3. Alternativtechnologien

Die Tabelle 4 zeigt die Bedeutung elektronischer Medien als Werbeträger auf. Wahrscheinlich sind ihr relativ hoher Preis und ihre komplizierte Handhabung für ihren geringen Einsatz verantwortlich.

Tabelle 4: Absatzzahlen der Werbeträger 2004 in Mio. €

Medien	Mio. €
Großflächen	300,1
City-Light-Poster	203,6
Transportmedien	67,4
Allgemeiner Anschlag	40,4
Ganzsäulen	31,3
Riesenposter	31,2
Dauerwerbung	30,7
Elektronische Medien	12,2
Klein- /Spezialstellen	3,3
Gesamt	720,2

Quelle: Fachverband Außenwerbung e.V.

Die stärkste Konkurrenz zu Displays mit elektronischer Anzeige (LED) stellen Displays mit Flüssigkeitskristallanzeige (LCD) dar.

Abbildung 5:   *Vergleich von LED- und LCD-Umsätzen*

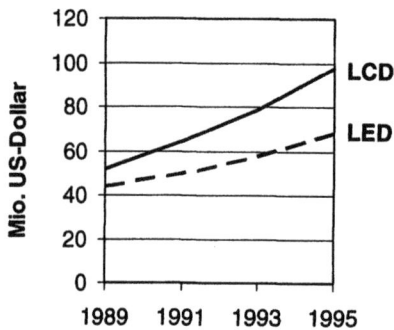

Quelle: Frost, Sullivan: Market Report 1991

Expertenmeinungen über den Einsatz von LCD-/LED-Anzeigen aus dem Jahr 2005:

„50 % der Anwendungen werden immer noch mit passiven LCD-Anzeigen realisiert. Sie sind kostengünstig, gut und leicht lesbar, einfach zu realisieren und sie funktionieren in einem weiten Temperaturbereich."

„LEDs sind bereits heute mehr als eine Vision, sie sind Realität und stehen in einem klaren Wettbewerb zur LCD-Technologie."

4. Konkurrenten im Markt für Einzelhandelswerbung

a. Qualitätsanbieter

Medio Text Leuchtaufschriften GmbH
Dieselbachstraße 1, 70736 Fellbach

Medio Text fertigt seit 30 Jahren elektronische Leuchtlaufschriften für Information und Werbung. Die LED-Displays sind qualitativ hochwertig. Ihr Preis beträgt ca. 2000 €. Bei Bedarf können sie auch gemietet werden, z.B. als Werbeträger für einmalige Großveranstaltungen.

Abbildung 6: Stärken-Schwächenprofil des Unternehmens und des Konkurrenten Medio Text

Potentiale	Beurteilung schlecht — mittel — gut
1. Ressourcenausstattung	0 1 2 3 4 5 6 7 8 9 10
• Produktionskapazität	9
• Finanzielle Mittel	8
2. Kompetenzen	0 1 2 3 4 5 6 7 8 9 10
• Forschung und Entwicklung	4
• Marketing	6
• Produktion	9
• Beschaffung	7
• Führung/Organisation	6
• Qualität Mitarbeiter	4
3. Marktposition	0 1 2 3 4 5 6 7 8 9 10
• Marktanteil	4
• Bekanntheitsgrad beim Kunden	4
4. Entwicklungspotentiale	0 1 2 3 4 5 6 7 8 9 10
• Erweiterung der Produktionskapazität	3
• Flexibilität	3
• Rationalisierung	1

b. Hauptkonkurrenten

Die Hauptkonkurrenten produzieren in Asien. Ihre Standard-Displays werden von 16 Händlern in Deutschland zum Preis von ca. 300 € vertrieben.

5. Ausgestaltung der einzelnen Marketinginstrumente

a. Produktgestaltung

Aus Abbildung 7 kann man ablesen, welche Merkmale ein Idealprodukt aufweisen sollte.

Abbildung 7:   *Eigenschaften SMT-TOPLED: Anzeige, Standard LCD-Anzeige, Kundenwünsche*

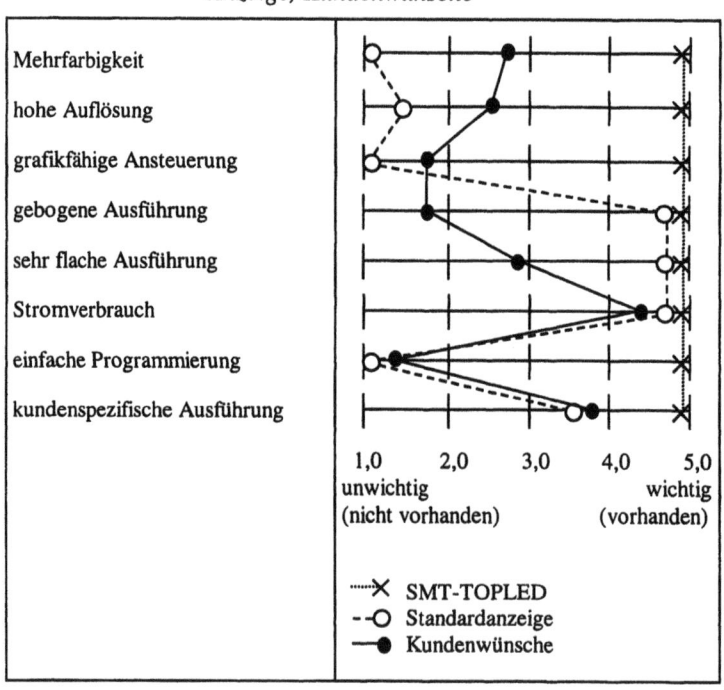

b. Werbung und Distribution

Wie die Umfrage bei den Einzelhändlern weiter erbrachte, informieren sie sich vor allem auf Fachmessen. Deswegen sollte die LED-Anzeige auf diesen Messen vorgestellt werden.
Im Gebrauch mit diesen neuen Medien müssen die Einzelhändler geschult werden, insbesondere in der Bedienung des Steuerrechners. Diese Schulung kann am besten vom Hersteller erbracht werden. Insofern scheidet der indirekte Vertriebsweg aus.

6. Controlling

Da die LED-Anzeigen auf den bereits vorhandenen Maschinen produziert werden können, bestehen die fixen Kosten aus dem Aufbau einer Vertriebsabteilung. Zwei Möglichkeiten kommen in Betracht:

- a) Es wird ein neuer Vertriebsmitarbeiter eingestellt.
  Jahresgehalt: 90.000 €, Kosten für Werbematerial: 70.000 €
- b) Das Produkt wird einem Handelsvertreter übergeben.
  Es fallen nur die Kosten für das Werbematerial in Höhe von 70.000 € an.
- c) Die Gewinnspanne beträgt 12 % von 2580 €.

V. Fragen

1. Prognostizieren Sie das Marktvolumen, den das Unternehmen auf dem Markt für LED-Anzeigen für Einzelhandelswerbung erobern kann.
   Wie viele Stück (1 Stück = 4 LED-Module und 1 Rechnermodul) kann das Unternehmen verkaufen?
   Unterstellen Sie sowohl ein optimistisches Szenario (10 % Marktanteil), als auch ein pessimistisches Szenario (5 % Marktanteil).

2. Vergleichen Sie das Marktvolumen mit der Break-even-Menge. Würden Sie aufgrund Ihrer Berechnungen dem Unternehmen den Einstieg in den Markt empfehlen?
   Wenn nein, dann geben Sie andere Handlungsoptionen an.

H. Der Sensor zur Messung von pH-Werten *

Diana Grosse

Inhaltsverzeichnis

I. Das Unternehmen Polysens GbR 133
   1. Die Unternehmensgeschichte 133
   2. Die Geschäftstätigkeit 133
II. Der Sensor von Polysens 135
III. Die Märkte 136
IV. Markt für fleischverarbeitende Unternehmen 136
   1. Zahlen zum Marktpotenzial 136
   2. Ermittlung des Marktvolumens 138
   3. Alternativtechnologien 139
      a. Glaselektrode 139
      b. Teststreifen 140
   4. Konkurrenzanalyse 140
   5. Nutzung von Werbemedien 142
   6. Distributionsweg 142
V. Fragen 142
VI. Markt der Wasserversorgung und Abwasserbeseitigung 143
   1. Zahlen zum Marktpotenzial 143
   2. Zahlen zum Marktvolumen 144
   3. Staatliche Zulassung 145
   4. Konkurrenten 145

---

* Alle Namen sind frei erfunden, Ähnlichkeiten mit bestehenden Unternehmen oder Produkten sind zufällig.

Abbildungs- und Tabellenverzeichnis

Abbildung 1: Der pH-Sensor 135
Abbildung 2: Tätigkeitsbereiche 137
Abbildung 3: Bevölkerungsentwicklung in Deutschland 138
Abbildung 4: Glaselektrode 139
Abbildung 5: Bevölkerungsentwicklung im Freistaat Sachsen
und im Bundesgebiet 1990 bis 2004 144
Abbildung 6: Antragung für eine Normänderung 146

Tabelle 1: Stärken-Schwächenprofil der Firma Polysens 134
Tabelle 2: Strukturdaten des Fleischerhandwerks 136
Tabelle 3: Daten der wirtschaftlichen Entwicklung 137
Tabelle 4: Fleischverzehr in Deutschland 138
Tabelle 5: Käuferprofil 138
Tabelle 6: Stärken-Schwächenprofil von Testo 141
Tabelle 7: Eigenschaftsprofil aus Sicht des Kunden (1) 142
Tabelle 8: Eigenschaftsprofil aus Sicht des Kunden (2) 145

I. Das Unternehmen Polysens GbR

1. Die Unternehmensgeschichte

Die Polysens GbR wurde im März 2003 von zwei Absolventen einer Fachhochschule für Technik und Wirtschaft gegründet.

Einer der beiden Gründer hatte im Rahmen seiner Diplomarbeit das neue Produkt entwickelt, nämlich einen Sensor zur Messung von pH-Werten. Dabei wandte er das Verfahren der polymeren Dickschichttechnik an, ein für die Messung von pH-Werten neuartiges Verfahren. Die Kenntnisse über diese Technologie hatte er sich während seines Praktikums in einem nahe gelegenen Forschungsinstitut angeeignet.

Der zweite Gründer ist ebenfalls ein Absolvent der Fachhochschule und verfügt somit sowohl über betriebswirtschaftliche als auch technische Kenntnisse. Außerdem beschäftigt das Unternehmen noch drei weitere Mitarbeiter, die ebenfalls mit der Weiterentwicklung der Produktprototypen beschäftigt sind. Gegenwärtig werden alle Geschäftstätigkeiten durch ein öffentliches Förderprogramm subventioniert. Die Fördermittel werden noch für ein weiteres Jahr gewährt.

2. Die Geschäftstätigkeit

Die Geschäftstätigkeit umfasst vorrangig die Entwicklung chemischer Sensoren mit Hilfe der Herstellungstechnologie der polymeren Dickschichttechnik. Zurzeit sind pH-Wert-, Chlorid- und Nitrat-Sensoren verfügbar.

Tabelle 1: Stärken-Schwächenprofil der Firma Polysens

Potenziale	Beurteilung schlecht — mittel — gut
1. Ressourcenausstattung	0 1 2 3 4 5 6 7 8 9 10
• Produktionskapazität	0
• Finanzielle Mittel	3
• Personelle Mittel	8
2. Kompetenzen	0 1 2 3 4 5 6 7 8 9 10
• Forschung und Entwicklung	9
• Marketing	3
• Produktion	0
• Beschaffung	4
• Führung/Organisation	4
• Qualität Mitarbeiter	9
3. Marktposition	0 1 2 3 4 5 6 7 8 9 10
• Marktanteil	0
• Bekanntheitsgrad beim Kunden	0
4. Entwicklungspotenziale	0 1 2 3 4 5 6 7 8 9 10
• Erweiterung der Produktionskapazität	3
• Flexibilität	8
• Rationalisierung	0

Die Stärke des Unternehmens ist, dass der Gründer gleichzeitig der Erfinder ist. Somit ist viel technisches Know-how vorhanden. Des Weiteren arbeitete sich der zweite Gründer in die betriebswirtschaftlichen Probleme ein, so dass eine gute Arbeitsteilung gegeben ist. Ihr guter Ruf könnte den Gründern eventuell Bankkredite sichern.

Die Produktion beschränkt sich im Moment noch auf Testserien. So wurde beispielsweise der Sensor bereits ausgewählten Pilotkunden zum Test und zur Beurteilung vorgelegt.

II. Der Sensor von Polysens

Daten des pH-Sensors
Mit Hilfe des pH-Sensors kann man den pH-Wert messen, d.h. die Stärke der sauren bzw. basischen Wirkung einer Lösung:

pH < 7 entspricht einer sauren Lösung

pH = 7 entspricht einer neutralen Lösung

pH > 7 entspricht einer basischen Lösung

Merkmale:
1. robustes Material
2. Integrationsmöglichkeit in andere Mess- und Regelsysteme
3. Einstabmesskette: gesamte Messkette auf engstem Raum, Größe: 5 x 1 x 0,3 cm
4. Kalibrierung notwendig, d.h. pH-Sensor muss geeicht werden
5. Kundenspezifische Anpassung hinsichtlich Form und Größe möglich
6. Mittlere Messgenauigkeit
7. einfache Anwendung: nach Kalibrieren in Flüssigkeit halten
8. Lebensdauer 3 Monate
9. Preis 300 €

Der pH-Sensor ist durch die Übertragung der aus der Mikroelektronik bekannten polymeren Dickschichttechnik entstanden und beruht auf dem Messprinzip der Potentiometrie. Der Sensor wird in die Lösung gehalten, deren pH-Wert bestimmt werden soll. Auf einer Leuchtanzeige erscheint dann der pH-Wert.

Abbildung 1:   Der pH-Sensor

III. Die Märkte

Die Einsatzmöglichkeiten wurden für die 5 Märkte: Zoos, Schwimmbäder, Gärtnereien, Wasser-/Abwasserwerke und fleischverarbeitende Unternehmen (fU) untersucht.

Auf Grund der unten aufgeführten Nachteile konzentrierte man sich auf die Wasser- und Abwasserwerke und die fleischverarbeitenden Unternehmen.

Märkte	Nachteile
Zoos und Schwimmbäder	Man benötigt Aussagen über Werte, die der Sensor bisher nicht messen kann z.b. Ammoniak.
Gärtnereien	Zwar muss der pH-Wert eines Bodens, der bepflanzt werden soll, gemessen werden. Aber ein Institut in Westdeutschland führt die Untersuchung eingesendeter Bodenproben sehr kostengünstig durch.

IV. Markt für fleischverarbeitende Unternehmen

Einsatzmöglichkeit: Anhand eines pH-Wertes kann man bestimmen, wozu geschlachtetes Fleisch geeignet ist, z.B. ob es zu Schinken oder zu Wurst verarbeitet wird. Die Messung kann sowohl in Schlachthöfen als auch in fleischverarbeitenden Unternehmen (fU) erfolgen.

1. Zahlen zum Marktpotenzial

Tabelle 2: Strukturdaten des Fleischerhandwerks

Jahr	Betriebe	Beschäftigte insgesamt	Beschäftigte je Betrieb	Umsatz je Betrieb
1996	22.117	218.900	10,1	875.226 €
1998	21.160	215.200	10,2	873.860 €
2000	19.868	194.400	9,9	881.845 €
2002	18.819	176.700	9,4	854.456 €
2003	18.320	169.400	9,2	839.826 €

Im Jahr 2004 wuchs der Gesamtumsatz um 4%.

Abbildung 2: Tätigkeitsbereiche

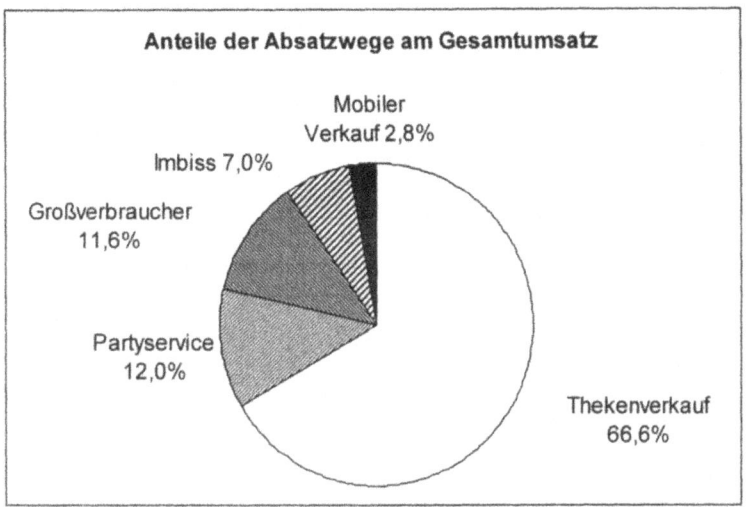

Tabelle 3: Daten der wirtschaftlichen Entwicklung

Variable	1999	2000	2001	2002	2003	2004
	Veränderungen gegenüber Vorjahr in %					
Bruttoinlandsprodukt	+1,8	+2,9	+0,8	+0,2	-0,1	+1,6
Konsumausgaben	+3,1	+3,5	+3,0	+0,3	+0,1	+0,6
Nettoeinkommen private Haushalte	+3,4	+4,1	+3,6	+0,2	-0,9	+2,2
	Absolute %-Zahlen					
Arbeitslosenquote insgesamt	10,5%	9,6%	9,4%	9,8%	10,5%	10,5%
Arbeitslosenquote Ost	17,6%	17,4%	17,3%	17,7%	18,5%	18,5%

Quelle: Monatberichte Deutsche Bundesbank, div. Jahrgänge

Tabelle 4: Fleischverzehr in Deutschland

Jahr	2002	2003	2004
Fleisch [kg pro Kopf]	60	61	61
Anteile [%]			
Schwein	62%	62%	60%
Rind/Kalb	17%	17%	18%
Sonstige	21%	21%	22%
Summe	100%	100%	100%

Die Folgen der BSE-Krise scheinen überwunden zu sein. Allerdings muss mit solchen „Naturereignissen" immer gerechnet werden.

Tabelle 5: Käuferprofil

Verzehrgewohnheiten

Selbstkochen	ältere Familien
Fertiggericht und Außerhaus	Familien mit Kindern, Single

Abbildung 3: Bevölkerungsentwicklung in Deutschland

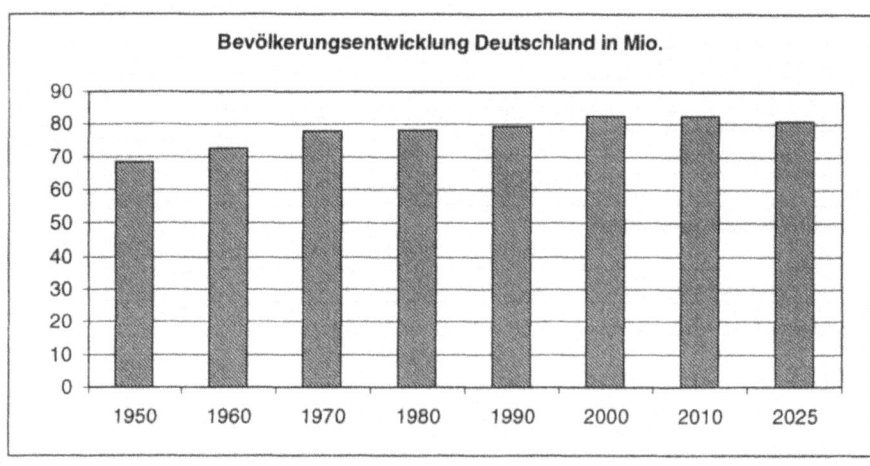

2. Ermittlung des Marktvolumens

Von 310 befragten fU gaben 43 Unternehmen an, dass sie pro Jahr 4 pH-Sensoren abnehmen würden.

3. Alternativtechnologien

a. Glaselektrode

Die Glaselektrode ermittelt den pH-Wert, in dem sie die Spannung, die mit einer Elektrodenkombination in einer Lösung von bekanntem pH-Wert gemessen wird, mit der gemessenen Spannung in der Probelösung vergleicht.

Abbildung 4: Glaselektrode

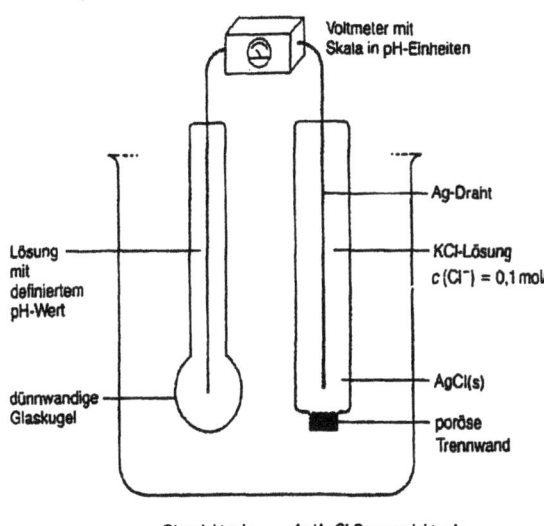

Vorteile:
- hohe Messgenauigkeit
- anerkannte Messmethode
- Lebensdauer 1 Jahr

Nachteile:
- bruchanfällig
- störanfällig
- umständliche Kalibrierung
- Preis 1.000 €

b. Teststreifen

Die Teststreifen werden in die Lösung gehalten. Ihre Verfärbung zeigt ihren pH-Wert an.

Vorteile:
- einfache Handhabung
- kostengünstig

Nachteile:
- ungenaue Messwerte.

4. Konkurrenzanalyse

Der Hauptkonkurrent ist das Unternehmen Testo. Es ist seit Jahren im Markt etabliert. Mit mehr als 500 Beschäftigten produziert es jede Art von Mess-, Sensor- und Regelgeräten für physikalische und chemische Werte, allerdings sind diese Geräte technisch anspruchsvoll und im oberen Preissegment angesiedelt.

Tabelle 6: Stärken-Schwächenprofil von Testo

Potenziale	Beurteilung schlecht — mittel — gut
1. Ressourcenausstattung • Produktionskapazität • Finanzielle Mittel • Personelle Mittel	0 1 2 3 4 5 6 7 8 9 10 Produktionskapazität: 8 Finanzielle Mittel: 8 Personelle Mittel: 6
2. Kompetenzen • Forschung und Entwicklung • Marketing • Produktion • Beschaffung • Führung/Organisation • Qualität Mitarbeiter	0 1 2 3 4 5 6 7 8 9 10 F&E: 5 Marketing: 6 Produktion: 5 Beschaffung: 5 Führung/Organisation: 5 Qualität Mitarbeiter: 5
3. Marktposition • Marktanteil • Bekanntheitsgrad beim Kunden	0 1 2 3 4 5 6 7 8 9 10 Marktanteil: 8 Bekanntheitsgrad beim Kunden: 8
4. Entwicklungspotenziale • Erweiterung der Produktionskapazität • Flexibilität • Rationalisierung	0 1 2 3 4 5 6 7 8 9 10 Erweiterung der Produktionskapazität: 4 Flexibilität: 4 Rationalisierung: 0

Tabelle 7: Eigenschaftsprofil aus Sicht des Kunden (1)

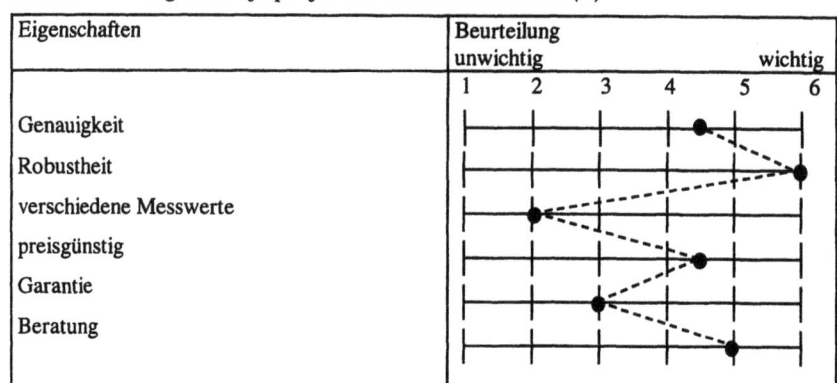

5. Nutzung von Werbemedien

Die Befragung von 310 fU ergab:
- 36% informieren sich über Fachzeitschriften,
- 33% über Vertreter,
- 20% auf Fachmessen, während nur
- 11% ihre Informationen aus Werbeprospekten beziehen

6. Distributionsweg

Zweidrittel beziehen ihre Messgeräte direkt vom Produzenten.

V. Fragen

1. Welche Strategie sollte Polysens GbR verfolgen?
2. Welchen Marktanteil kann Polysens GbR erringen?
3. Lohnt sich ein Markteintritt, wenn Fixkosten in Höhe von 100.000 € und variable Kosten von 150 € anfallen?
4. Welche Produktgestaltung, Preis-, Werbe- und Distributionsstrategie empfehlen Sie dem Unternehmen?

VI. Markt der Wasserversorgung / Abwasserbeseitigung

Eine wichtige öffentliche Aufgabe ist die Reinhaltung des Wassers. Die gesetzlichen Grundlagen sind die Trinkwasser- und die Abwasserverordnung. So besagt § 1 der Trinkwasserverordnung: „Zweck der Verordnung ist es, die menschliche Gesundheit vor den nachteiligen Einflüssen, die sich aus der Verunreinigung von Wasser ergeben, das für den menschlichen Gebrauch bestimmt ist, durch Gewährleistung seiner Genusstauglichkeit und Reinheit nach Maßgabe der folgenden Vorschriften zu schützen."

Die beiden Verordnungen verpflichten den Staat, regelmäßige Untersuchungen des Wassers vorzunehmen. Beim Trinkwasser sind z.B. die kommunalen Versorger verpflichtet, täglich Proben des Wassers, das der Bevölkerung als Trinkwasser zur Verfügung gestellt wird, auf seine Sauberkeit hin zu untersuchen. Neben anderen chemischen Kennzahlen ist der pH-Wert eine wichtige Größe, die dabei gemessen werden muss.

1. Zahlen zum Marktpotenzial

Zu Zeiten der DDR kontrollierten 3 Wasser- und Abwasserbetriebe die Wasserversorgung in Sachsen: EWA AG Chemnitz, WAB Dresden und WAB Leipzig. In den 90er Jahren wurden diese großen Einheiten entflochten und es entstanden 150 Wasserversorgungsunternehmen (WVU) und 275 Abwasserbeseitigungsunternehmen. Die Zahl blieb seitdem trotz einiger Gemeindereformen in etwa konstant.

Zur Prognose des Marktpotenzials ist zum einen die Entwicklung der Bevölkerung wichtig, denn sie bestimmt die Zahl der Abnehmer.

Abbildung 5: *Bevölkerungsentwicklung im Freistaat Sachsen und im Bundesgebiet 1990 bis 2004*

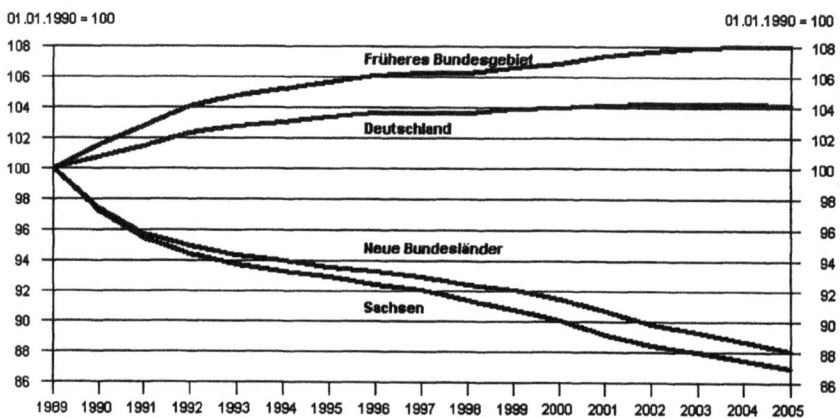

Quelle: Statistisches Landesamt des Freistaates Sachsen

Zum anderen spielt das allgemeine Umweltbewusstsein eine große Rolle. Generell kann man von einem steigenden Umweltbewusstsein ausgehen. Von den Behörden wird verlangt, dass diese das Wasser auf immer mehr Schadstoffe hin untersuchen.

2. Zahlen zum Marktvolumen

Grob geschätzt verfügt jedes der Wasser- und Abwasserunternehmen über ein Labor, in dem die notwendigen Untersuchungen durchgeführt werden. Nach den Angaben einer Laborleiterin kommen pro Labor ca. 10 Testgeräte zum Einsatz. Eine Befragung bei 20 Labors ergibt, dass 12 Labors sich den Einsatz des pH-Sensors vorstellen könnten. Da der pH-Sensor alle Funktionen der Glaselektrode erfüllt, aber wesentlich preisgünstiger als die Glaselektrode ist, würden die Unternehmen wechseln, wenn der pH-Sensor die staatlichen Auflagen erfüllen würde. Gegenwärtig beträgt der Preis für eine Standard-Glaselektrode 1.000 €.

Tabelle 8: Eigenschaftsprofil aus Sicht des Kunden (2)

Eigenschaften	Beurteilung unwichtig 1 2 3 4 5 6 wichtig
Genauigkeit	4
Robustheit	6
verschiedene Messwerte	6
preisgünstig	6
Garantie	2
Beratung	2

3. Staatliche Zulassung

Als Marktbeitrittshemmnis, erweist sich, dass ein Gerät nur dann zur Messung eingesetzt werden darf, wenn es der DIN-Norm 38404 entspricht. Zum gegenwärtigen Zeitpunkt erfüllt diese Bedingungen nur die Glaselektrode.

4. Konkurrenten

Die Labors der sächsischen Wasser- und Abwasserunternehmen werden von den zwei Traditionsunternehmen Hach Lange GmbH, Berlin und Wissenschaftliche-Technische-Werkstätten GmbH (WTW), Weilheim mit Glaselektroden beliefert. Beides sind mittelständische Unternehmen, die über ein breites Angebot an Messgeräten aller Arten verfügen. Beide unterhalten eigene FuE-Abteilungen.

Kann der pH-Wert in die DIN-Norm 380404 aufgenommen werden?

Seit 1920 ist das DIN Deutsches Institut für Normung als eingetragener, gemeinnütziger Verein die für die Normungsarbeit zuständige Institution in Deutschland. Es vertritt auch die deutschen Interessen in internationalen Organisationen z.B. in der ISO – International Standards Organisation. Dieser Status wurde ihm in einem Vertrag mit der Bundesrepublik Deutschland 1975 zuerkannt. Die ISO ist ein Netzwerk von nationalen Institutionen in 157 Ländern. Jedes Land ist durch ein Normungsinstitut vertreten. Die von der ISO entwickelten Normen decken fast alle Bereiche des täglichen Lebens ab.

Wie man der Abbildung 6 und dem unten abgedruckten Schreiben des Vorsitzenden des Normungsausschusses Wasserversorgung auf der folgenden Seite entnehmen kann, kann eine Zulassung für den pH-Sensor nur durch einen Antrag beim DIN-Institut erreicht werden. Ob ein solcher Antrag befürwortet wird, kann von den Bearbeitern der Fallstudie sicher nicht beantwortet werden.

Stattdessen lautet die Frage:
Kann dem Unternehmen Polysens GbR unter diesen Bedingungen ein Eintritt in den Trinkwasser- und Abwassermarkt empfohlen werden?

Abbildung 6:   Antragung für eine Normänderung

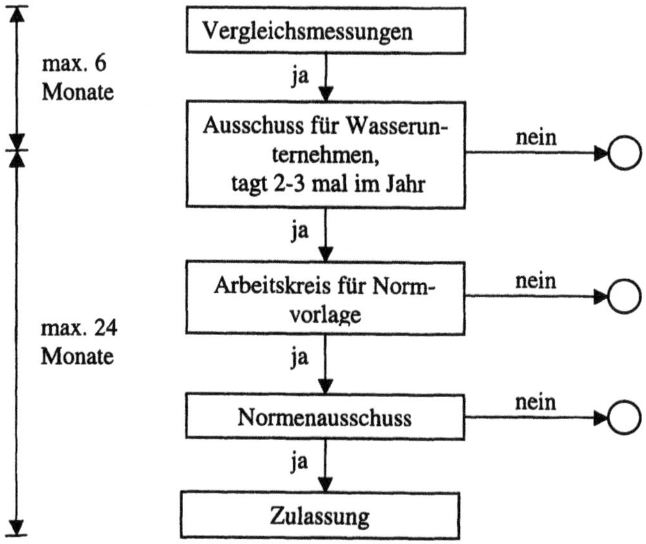

```
                    ┌─────────────────────────┐
max. 6              │  Vergleichsmessungen    │
Monate              └─────────────────────────┘
                              │ ja
                              ▼
                    ┌─────────────────────────┐
                    │ Ausschuss für Wasserun- │    nein
                    │      ternehmen,         │ ─────────▶ ○
                    │   tagt 2-3 mal im Jahr  │
                    └─────────────────────────┘
                              │ ja
                              ▼
                    ┌─────────────────────────┐
                    │  Arbeitskreis für Norm- │    nein
max. 24             │       vorlage           │ ─────────▶ ○
Monate              └─────────────────────────┘
                              │ ja
                              ▼
                    ┌─────────────────────────┐
                    │    Normenausschuss      │    nein
                    │                         │ ─────────▶ ○
                    └─────────────────────────┘
                              │ ja
                              ▼
                    ┌─────────────────────────┐
                    │       Zulassung         │
                    └─────────────────────────┘
```

An: Bergakademie Freiberg
z.Hd.: Frau Stuhr

Datum: 29. September 2003

Bemerkung: PFT-Sensoren

Sehr geehrtes Fräulein Stuhr

Herzlichen Dank für die Zusendung der Unterlagen, die ich mit Interesse gelesen habe. Eine Kopie habe ich an dem Fachmann für Messgeräte in unserem Ausschuss, Herrn Hammelehle, Fa. Endress & Hauser, geschickt. Ihre Unterlagen werden auf der nächsten Sitzung des Normenausschusses IW1 „Wasseruntersuchungen" im Dezember beraten werden. Ich interpretiere Ihr Anschreiben und die Telefonate so, dass Sie einen Normantrag stellen, über den wir einen Beschluss fassen müssen.

Ohne den Beschluss vorwegnehmen zu wollen, möchte ich, da Ihnen ja an einer kurzfristigen Auskunft gelegen, ist folgendes zu bedenken geben:

In unserem Bereich werden Verfahren genormt und keine Messgeräte. Natürlich werden Messgeräte eingesetzt, diese werden jedoch in der Regel so beschrieben, dass der Rückschluss auf den Hersteller nicht gezogen werden kann, dies entspricht der Grundregel im DIN, nach der durch die Normung keine Wettbewerbsverzerrungen verursacht werden sollen. In Einzelfällen kommt es vor, dass, z.B. in der Gaschromatographie, eine Untersuchung nur mit dem Produkt (der Säule) eines Herstellers zum Ziel führt; dann wird eine Produktbezeichnung im Anhang der Norm gegeben.

Zur Unterstützung Ihres Antrages wären Vergleichsmessungen mit genormten Verfahren notwendig, um zu „beweisen", dass Ihr Verfahren zu dem „gleichen" Ergebnis führt. Diese Messungen müssten nicht nur im reinen Wasser, sondern auch im matrixbelasteten Wasser (z.B. Oberflächenwasser, Abwasser) durchgeführt werden. Unter Umständen wäre hier eine Zusammenarbeit mit Ihrer Landesbehörde (die in Ihrem Bundesland zuständige Stelle) sinnvoll.

Wir können nur feststellen, ob die Messung mit der Dickschichttechnologie den gesetzlichen Anforderungen entspricht. Wenn sie weitere Fragen haben, wenden Sie sich bitte an mich; ich bin allerdings nur noch bis zum 9.10. erreichbar und dann auch in der ersten Novemberhälfte bedingt durch eine Kette an Dienstreisen nur selten im Büro.

Mit freundlichen Grüßen

(Vorsitzender des Normenausschusses Wasserversorgung)

I. Das 3D – Abstandsgewirke *

Diana Grosse

Inhaltsverzeichnis

I. Historie 150
II. Das Unternehmen 150
III. Das Produkt 152
IV. Die Märkte 154
V. Der Markt für Merchandiseprodukte 155
   1. Der Markt für Fankissen im Fußball 155
      a. Merchandising 155
      b. Daten zum Marktpotential 155
      c. Daten zum Marktvolumen 158
      d. Angaben zum Gewirkekissen und zum Schaumstoffkissen 160
      e. Konkurrenten 160
      f. Ausgestaltung der einzelnen Marketinginstrumente 161
   2. Gewirke als Zulieferprodukt 162
VI. Fragen 163

Abbildungs- und Tabellenverzeichnis

Abbildung 1:   Stärken- und Schwächenprofil 151
Abbildung 2:   Abstandsgewirke mit netzförmigen Oberflächenstrukturen .. 152
Abbildung 3:   Eigenschaftsprofil 161

Tabelle 1:   Merchandiseumsätze aller Bundesligaklubs (1.+2. Liga) 156
Tabelle 2:   Gesamteinahmen aller Bundesliga (1.+2.)-Vereine aus dem Kartenverkauf 157
Tabelle 3:   Oberliga NOFV - Süd 158
Tabelle 4:   Zahlungsbereitschaft der befragten Händler 159
Tabelle 5:   Werbewirkung 159
Tabelle 6:   Konkurrenten 160
Tabelle 7:   Kommunikationsinstrumente 162

---

* Alle Namen sind frei erfunden, Ähnlichkeiten mit bestehenden Unternehmen oder Produkten sind zufällig.

I. Historie

Das 3 D – Abstandsgewirke (im Folgenden Gewirke) als Material war das Ergebnis einer Forschungskooperation von Unternehmen und Forschungsinstituten aus der Region Chemnitz. Die Kooperation wurde subventioniert durch das Forschungsprogramm 'Innoregio' des Bundesforschungsministeriums. 'Innoregio' gewährt nichtrückzahlbare Zuschüsse zu Forschungsprojekten, die gemeinsam von Unternehmen und Forschungsinstituten, angesiedelt in einer Region, durchgeführt werden. Man verfolgt dabei das Ziel, die Innovationskraft der Region zu stärken und dadurch neue Arbeitsplätze zu schaffen.

Von Unternehmen, die an dem Projekt beteiligt sind, wird eine Eigenbeteiligung von mindestens 50 % der Projektkosten erwartet. Dies ist deswegen gerechtfertigt, weil die Unternehmen die Projektergebnisse später vermarkten und Gewinne erzielen können. Die Forderung nach Eigenbeteiligung verringert die Vorteile, die Innoregio-Unternehmen gegenüber nicht geförderten Unternehmen haben.

Das Förderprogramm, das 1999 gestartet wurde, läuft noch bis 2007. Das Gewirke stellt das Ergebnis des Innoregioprojektes: "Textilregion Mittelsachsen" dar.

Einer der Partner der Projektgruppe, die "Karl Mayer Textilmaschinen GmbH", entwickelte zu dem Gewirke auch eine Maschine, die High-Distance-Hochleistungsdoppelraschelmaschine, die es ermöglicht, das Gewirke in Serie zu produzieren.

Zwei Einsatzmöglichkeiten eröffnen sich deswegen für das Gewirke. Es kann entweder als Material verkauft werden, oder es ist Bestandteil eines Endproduktes, zu dessen Produktion sich diejenigen Unternehmen zusammenschließen könnten, die auch in dem Innoregio-Projekt zusammengearbeitet haben. Deswegen erstrecken sich die im Folgenden dargestellten Marktrecherchen auf diese beiden Einsatzgebiete. Für das Gewirke als Material wird davon ausgegangen, dass es von dem sächsischen Unternehmen Bebel GmbH & Co. KG produziert wird.

II. Das Unternehmen

Das Unternehmen Bebel GmbH & Co. KG ist ein sächsisches Unternehmen, das Futterstoffe für die Bekleidungsindustrie, Satin, Velours, Tülle und Möbelbezugsstoffe produziert. Es besteht bereits seit 1898, änderte allerdings 1992 im Zuge des Transformationsprozesses seine Rechtsform in die einer GmbH & Co. KG. Gegenwärtig erzielt die Bebel GmbH & Co. KG mit 35 Mitarbeitern einen jährlichen Umsatz von 4,5 – 5 Mio. € im Jahr.

Das Unternehmen besitzt seit etwa 3 Jahren eine der von der Karl Mayer Textilmaschinen GmbH entwickelten Maschinen zur Produktion des Gewirkes und hat auf dieser Maschine bereits Gewirke in Serienproduktion hergestellt, allerdings nur in geringem Umfang für Einzelaufträge.
Das folgende Ressourcenprofil drückt die Stärken und Schwächen des Unternehmens mit Bezug auf die Gewirkeproduktion aus.

Abbildung 1: *Stärken- und Schwächenprofil*

Potentiale	Beurteilung schlecht — mittel — gut (0–10)
1. Ressourcenausstattung	
• Produktionskapazität	10
• Finanzielle Mittel	3
• Personelle Mittel	4
2. Kompetenzen	
• Forschung und Entwicklung	5
• Marketing	6
• Produktion	2
• Beschaffung	2
• Führung/Organisation	5
• Qualität Mitarbeiter	6
3. Marktposition	
• Marktanteil	2
• Bekanntheitsgrad beim Kunden	5
4. Entwicklungspotentiale	
• Erweiterung der Produktionskapazität	2
• Flexibilität	4
• Rationalisierung	3

Interpretation des Profils:

Die Karl-Mayer-Maschine ist mit der gegenwärtigen Produktion nicht ausgelastet. Dennoch wird es für das Unternehmen nicht einfach werden, neue Aufträge zu akquirieren, denn als Gewirkeproduzent ist es praktisch unbekannt. Verkaufschancen könnten sich dadurch ergeben, dass man die bisherigen Kunden auf die Gewirkeproduktion aufmerksam macht. Die Marketingkompetenz und das Fachwissen der Mitarbeiter lassen eine Ausdehnung der Produktion zu. Allerdings ermöglichen die geringen finanziellen Mittel keine allzu rasante Ausdehnung, z.B. eine zweite Maschine kann zunächst nicht gekauft werden. Die Fasern zur Herstellung des Gewirkes werden gegenwärtig vor allem von dem großen deutschen Unternehmen Trevira bezogen, das deswegen die Bezugskonditionen diktieren könnte. Erst wenn die Gewirkeproduktion erfolgreich angelaufen ist, wäre die Bebel GmbH & Co. KG in einer besseren Verhandlungsposition, weil sie dann eine größere Bezugsmenge bestellen könnte.

III. Das Produkt

Das 3D-Abstandsgewirke besteht aus zwei textilen Außenflächen, die durch Abstandsfäden aus 100%igem Polyester verbunden sind. Es stellt ein Substitut für weichelastischen Schaumstoff dar und ist unter den 3D-Textilien die bekannteste und meist verbreitete Variante. Obwohl es mit Schaumstoff vergleichbar ist, eröffnet sein Konstruktionsprinzip neue Möglichkeiten der Wärmeisolierung, Feuchteregulierung und Druckentlastung.

Abbildung 2:   Abstandsgewirke mit netzförmigen Oberflächenstrukturen

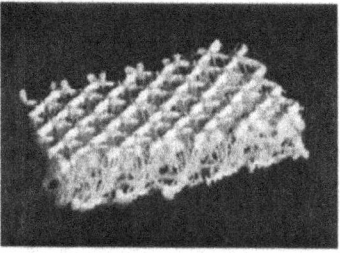

Innerhalb des Herstellungsverfahrens ist eine Variabilität der Dicke von 2,8mm bis 65mm möglich. Sowohl die verschiedenen Stärken des Materials als auch dessen besondere Eigenschaften begründen die äußerst flexiblen und vielfältigen Einsatzmöglichkeiten im Innen- und Außenbereich.

Das Gewirke ist stark verformbar, leicht, recyclefähig, emissionsarm und besitzt aufgrund hoher Luftzirkulation eine klimatisierende Wirkung. Die netzförmige Oberflächenstruktur garantiert einen ausgeprägten Memoryeffekt (Dauerelastizität). Somit wird eine optimale Rückfederung und Schockabsorption gesichert. Des Weiteren ist das Abstandsgewirke sehr gut für Allergiker geeignet, da es keinen Lebensraum für Bakterien bietet.

Mit Hilfe spezieller Oberflächenbehandlungen, wie Beschichtung, Laminierung oder Beflockung, können weitere vorteilhafte Eigenschaften (Feuerfestigkeit, etc.) hervorgerufen werden. Weiterhin ist die Gewirkestruktur als Träger zusätzlicher Stoffe geeignet, woraus sich weitere Einsatzmöglichkeiten erschließen. So kann es beispielsweise mit Recycling-Granulat (Gummi, Kunststoff), Beton, elastischem Mörtel oder Leinölepoxidharze (Basis Industriepflanzen) befüllt werden. Ferner besteht die Möglichkeit, die Polyesterfasern durch Metallfäden zu ersetzen, wodurch Eigenschaftsänderungen wie Stromleitfähigkeit, Signalempfang sowie eine Nutzung als Filter vorstellbar sind.

Produktinformation/ Technische Daten

Beschreibung:	Das 3D-Abstandgewirke ist ein textiles Flächengebilde. Die Ober- und Unterfläche sind durch Abstandsfäden verbunden.
Material:	Abstandsfäden aus 100 %igem Polyester Ober- und Unterfläche variabel
Wichtigste Eigenschaften:	Wärmeisolierung Druckentlastung Feuchteregulierung
Mögliche Herstellungsmaße	
Dicke: Breite: Länge:	zwischen 2,8 mm und 65 mm bis maximal 2,40 m frei rapportierbar
Variationen:	druckelastisch unterschiedliche Druckzonen in einem Stück Oberflächen von offen bis geschlossen
Preis pro m²:	gegenwärtig 3 €

IV. Die Märkte

Es werden die Absatzchancen der folgenden Märkte untersucht: Baugewerbe, Spezialkleidung, Merchandiseprodukte, Autositze und Medizin-/Pflegebereich. Bis auf den Markt für Merchandiseprodukte sprechen von vornherein wichtige Gründe gegen den Eintritt in diese Märkte:

1. Baugewerbe: Architekten bezweifeln, dass Wohnungsdecken und Fußböden, in die das Gewirke eingelassen wird, dem Druck, der normalerweise auf ihnen lastet, standhalten könnte. Außerdem benötigt das Material in dieser Verwendungsform ein Zertifikat, das nur in einem langwierigen und kostenintensiven Prozess erworben werden kann, zu teuer für die Bebel GmbH & Co. KG.

2. Medizin-/Pflegebereich: In diesem Bereich würde sich das Gewirke aufgrund seiner Eigenschaften der Elastizität und der Wärmespeicherung als Futter für Matratzen oder Rollstuhlauflagen eignen. Dem stehen wieder gesetzliche Auflagen als Barrieren entgegen: nur die Ausgaben für die Produkte, die im sogenannten Hilfsmittelkatalog aufgelistet sind, werden von den Krankenkassen erstattet. Deswegen werden nur Produkte, die in diesem Katalog stehen, von den Patienten nachgefragt. Die Aufnahme in den Katalog kann aber nur durch gute Ergebnisse einer Vielzahl von Tests erreicht werden. Die Kosten für diese Tests kann die Bebel GmbH & Co. KG zum gegenwärtigen Zeitpunkt nicht tragen.

3. Autositze: Die Automobilhersteller entwickeln grundsätzlich alles rund um die Autositze selbst oder zusammen mit ihren Vertragspartnern.

4. Spezialkleidung: Aufgrund seiner feuchtigkeitsabweisenden Eigenschaften eignet sich das Gewirke als Futter für Outdoor-Jacken. Aber in diesem Markt dominieren zwei große Hersteller: Jack Wolfskin und Schöffel, denen gegenüber die Bebel GmbH & Co. KG einen schweren Stand bei Verhandlungen hätte.
Das Gewirke als Futter für Motorradkleidung ist auch denkbar. Hier sind es wieder die rechtlichen Prüftests, welche die Motorradkleidung samt Innenfutter bestehen muss, die gegen einen Markteintritt sprechen.

Am erfolgversprechendsten scheint der Markt für Merchandisingprodukte zu sein, dessen Daten in den folgenden Kapiteln präsentiert werden.

V. Der Markt für Merchandiseprodukte

Unter Merchandising (engl. merchandise für Absatzförderung) wird die Produktion, der Vertrieb und die Werbung für ein Produkt verstanden, welches das gleiche Logo oder die gleiche Botschaft transportiert wie ein bekanntes Markenprodukt. Dadurch wird das positive Image des Markenartikels auf das Merchandiseprodukt übertragen, auch wenn dieses einem ganz anderen Gebrauch dient.
Im Folgenden wird sich auf Sportmerchandising konzentriert, d.h. Sportvereine werben für sich, indem sie an die Zuschauer Fanartikel verkaufen, wie z.B. Trikots, Poster und Tassen. Auch Kissen sind begehrte Fanartikel insbesondere bei solchen Sportarten, bei denen die Zuschauer die Wettkämpfe im Sitzen verfolgen.

1. Der Markt für Fankissen im Fußball

a. Merchandising

Die Vorteile eines Kissens aus 3D-Abstandsgewirke, jetzt Gewirke-Kissen, nämlich die Elastizität, Wärmespeicherung und Nässeabweisung, kommen am besten bei Sportarten zur Geltung, deren Wettkämpfe im Freien stattfinden. Für Skispringen/Skilaufen, Eishockey, Motorsport und Fußball trifft diese Aussage zu. Außerdem sind sie volkstümlich genug, um viele Zuschauer anzulocken. Recherchen ergaben: Die Zuschauer von Wintersportveranstaltungen stehen lieber als dass sie sitzen. Eishockeyspiele finden häufig in geheizten Hallen statt, und Motorsportveranstaltungen werden im Sommer oder Herbst abgehalten. Geheizte Hallen oder wärmere Jahreszeiten machen ein wärmendes Sitzkissen eigentlich überflüssig. So bleibt nur noch Fußball als die Sportart übrig, für die man untersuchen sollte, ob sich Gewirke-Kissen als Fanartikel eignen.

b. Daten zum Marktpotential

Seit der Deutsche Fußball Bund e.V. (DFB) 1998 seine Statuten geändert hat, können auch Fußballclubs, die die Rechtsform einer Kapitalgesellschaft haben, an der 1. Fußball-Bundesliga teilnehmen. Da Fußballvereine in immer stärkerem Umfang wie Wirtschaftsunternehmen geführt werden müssen, wurde es notwendig, ihnen den Zugang zu einer die Haftung begrenzenden Rechtsform zu ermöglichen.
Der Anstieg der Erlöse aller Vereine um über 200 % von 186 Mio. € in 1989/90 auf 570 Mio. € in 1997/98 belegt ihre wirtschaftliche Expansion[55].

---

[55] Kartowitsch, E.; Michaelis, M. (2005).

Die großen Fußballclubs haben 4 Einnahmequellen:
1. Ticketing := Verkauf von Eintrittskarten
2. Vermarktung der Fernsehrechte
3. Sponsoring := Privatunternehmen unterstützen die Vereine finanziell. Als Gegenleistung fungieren die Spieler als Werbeträger. Aber auch die Banden der Stadien werden zur Werbung benutzt, indem sie mit Werbebannern versehen werden.
4. Merchandising := Verkauf von Fanartikeln, wie z.b. Bekleidung, Fahnen, Bettwäsche, Handtücher, Glas/Porzellan, Uhren/Schmuck und Schulutensilien. Fanartikel eignen sich nur dann als Werbeträger, wenn sie eine ähnliche Botschaft wie ihr Verein vermitteln. So möchte der FC Bayern München dadurch, dass seine Spieler in einem goldene Trikot spielen, auf seine Vorrangstellung hinweisen.

Tabelle 1: Merchandiseumsätze aller Bundesligaklubs (1.+2. Liga)

Saison	Umsätze in Mio. €	Wachstum (%)
1997/98	74,6	3,6
1998/99	74,2	-0,5
1999/00	65,3	-15,1
2000/01	63,9	-2,2
2001/02	74,6	16,9

Quelle: Marktrecherchen von www.pr-marketing.de

Wie man den Angaben der Tabelle 1 entnehmen kann, verzeichneten Merchandiseartikel zwischen 1997 und 2002 positive Umsätze. Der Einbruch der Umsatzzahlen zwischen 1998 und 2001 ist auf Managementfehler zurückzuführen. Man hatte das Wachstumspotential überschätzt und deswegen das Sortiment zu stark erweitert. Inzwischen hat man die Zahl der angebotenen Artikel auf einen festen Kern reduziert, so dass in der Zukunft mit einem weiteren Anstieg der Umsätze zu rechnen ist.

Sitzkissen sind ein fester Bestandteil des Fanartikelangebotes. Ihr Absatz macht ca. 4 % des Gesamtmarktes aus. Sitzkissen, besonders wärmende, werden auch benötigt, denn die Spiele der Bundesliga finden vor allem im Herbst und Winter statt.

Tabelle 2: Gesamteinahmen aller Bundesliga (1.+2.)-Vereine aus dem Kartenverkauf

Spieljahr	Einnahmen €	Zuschauer
2000/01	122.074.784	8.696.712
2001/02	142.776.576	9.500.367
2002/03	145.643.493	9.764.735
2003/04	167.644.789	10.724.586
2004/05	180.973.271	10.765.974
2005/06	217.740.884	11.686.554

Wie man den Zahlen aus Tabelle 2 entnehmen kann, erfreut sich das Fußballspiel in Deutschland einer steigenden Beliebtheit. Nach der Fußballweltmeisterschaft in 2006 wird die Zahl der Fußballbegeisterten sicher weiter zunehmen.

Was treibt die Menschen in die Stadien? Wie Czarnitzki und Stadtmann[56] herausfanden, ist es nicht der Nervenkitzel, d.h. die Ungewissheit über den Spielausgang, sondern die Treue. Es sind die Anhänger der beiden Mannschaften, die sich das Spiel live anschauen, allerdings nur dann, wenn der Weg nicht zu weit und das Wetter nicht zu schlecht ist. Insbesondere die Höhe der Temperatur übt einen signifikanten Einfluss auf die Zuschauerzahlen aus, stellte die Studie fest.

Für die Einschätzung des Marktpotentials des Gewirkes ist der in 1998 geänderte Artikel der Sicherheitsrichtlinien der FIFA wichtig. Er verlangt, dass in Stadien, in denen wichtige Spiele ausgetragen werden, die Stehplätze abgeschafft und stattdessen Sitzplätze eingerichtet werden.

Auszug aus Sicherheitsrichtlinien der FIFA (gültig seit Januar 2004):

Artikel 7 Zuschauerbereiche

1 Die Spiele der FIFA-Wettbewerbe Nr. 1 bis Nr. 4 (Fussball-Weltmeisterschaft einschliesslich der Vorrundenspiele, Konföderationen-Pokal, Klub-Weltmeisterschaft und Olympische Fussballturniere) dürfen nur in Stadien ausgetragen werden, die ausschliesslich über Sitzplätze verfügen. Für die Spiele der übrigen FIFA-Wettbewerbe sind in Absprache mit der für die Zulassung des Stadions zuständigen lokalen Behörde Stehplätze zugelassen.
...
7 Die Stehplatzbereiche in den Stadien sollen kontinuierlich in nummerierte Einzelsitze mit mindestens 30 cm hohen Rückenlehnen umgerüstet werden.

---

[56] Czarnitzki, D.; Stadtmann, G. (2002).

c. Daten zum Marktvolumen

Die Fußballvereine bieten ihre Fanartikel in sog. Fanshops an, an denen sie oft kapitalmäßig beteiligt sind. Deswegen wurden 31 Fanshops angeschrieben, wovon 10 Shops antworteten. Alle 10 Shops waren mit einem nationalen Verein der Oberliga des Nordostdeutschen Fußballverbandes verbunden (siehe Tab. 3) Offensichtlich wirkt der Regionalfaktor: die ostdeutschen Fanshops interessieren sich besonders stark für das Gewirke, weil es ja von ostdeutschen Unternehmen produziert wird.

Tabelle 3: Oberliga NOFV - Süd

Rang[57]	Verein
1	FC Energie Cottbus II
2	Chemnitzer FC
3	FC Eilenburg
4	ZFC Meuselwitz
5	Sachsen Leipzig
6	VFC Plauen
7	Budissa Bautzen
8	Hallescher FC
9	FC Carl Zeiss Jena II
10	VfB Pößneck
11	Germania Halberstadt
12	SV Dessau 05
13	FSV Zwickau
14	FV Dresden-Nord
15	Rot-Weiß Erfurt II
16	VfB Auerbach

Daten aus den Rückantworten:

- 90 % aller Fanshops verkaufen bereits Kissen,
- 60 % können sich eine Aufnahme des Gewirke-Kissens in ihr Sortiment vorstellen.

Wie man den Angaben aus Tabelle 4 entnehmen kann, sind ca. 55 % der Händler bereit, für ein Gewirke-Kissen einen Preis zu bezahlen, der um mehr als 6 % über dem Preis eines Schaumstoffkissens als direktem Substitutionsprodukt liegt. Die Gewinnspanne für Fankissen lässt einen solchen Aufpreis zu.

---

[57] Stand: 6.11.06.

Tabelle 4: Zahlungsbereitschaft der befragten Händler

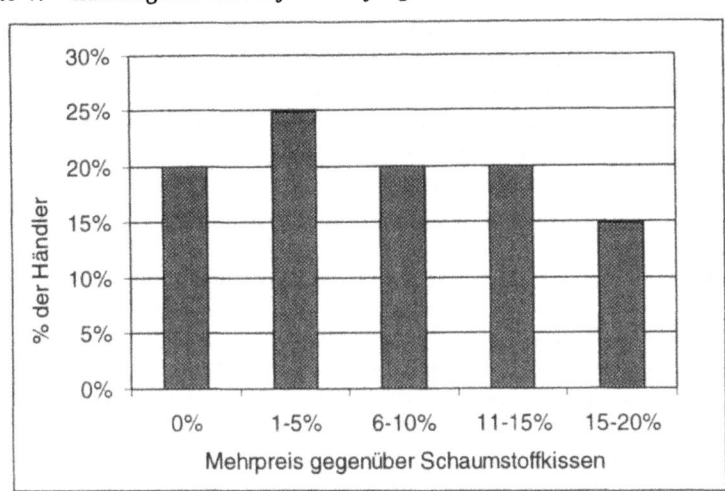

Tabelle 5: Werbewirkung

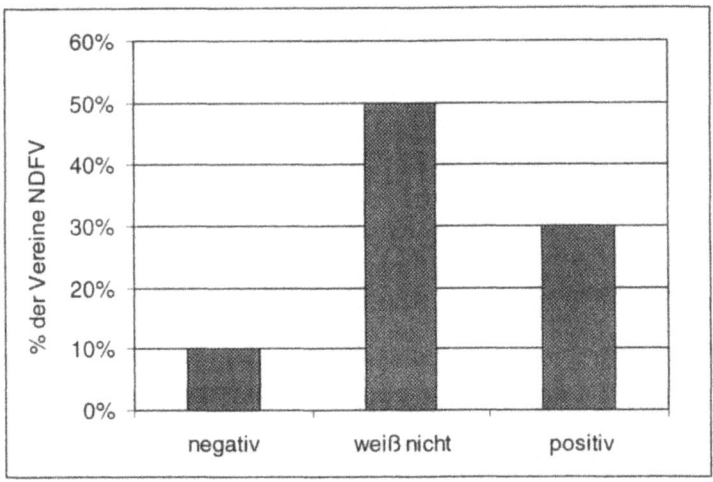

Auf Anfrage, wie stark die Werbewirkung eines Gewirkekissens eingeschätzt würde, antworteten die Vereine der Nordost-Liga überwiegend positiv, wie man den Zahlen aus Tabelle 5 entnehmen kann. Die Vereinsmanager betonen, dass die Tatsache, dass es sich um ostdeutsche Hersteller handele, eine besondere Zugkraft ausübe.

d. Angaben zum Gewirkekissen und zum Schaumstoffkissen

Aufgrund des Gewirkes ist das Fankissen stark druckelastisch und gewährleistet eine optimale Druckverteilung, wodurch ein überdurchschnittlich hoher Sitzkomfort garantiert wird. Das Gewirke kann verschiedenartig beschichtet, beispielsweise beflockt oder mit einer Folie kaschiert werden. Das Gewirke saugt sich nicht mit Wasser voll, sondern es ermöglicht, dass ein nasses Kissen schnell wieder in der Sonne trocknet. Des Weiteren ist das Sitzkissen mit Parafin gefüllt. Besonders vorteilhaft daran ist, dass es dadurch eine konstante Wärmespeicherung über einen besonders langen Zeitraum (circa 8 Stunden) gewährleistet. Zum Aufladen genügt es, wenn man das Kissen auf einen Heizkörper, in die Sonne oder ähnliches legt. Dabei nimmt das Fankissen schnell die gewünschte Temperatur an. Das Parafin in dem 3D-Abstandsgewirke wird mit chemischen bzw. mineralischen Stoffen ummantelt, wodurch das Parafin weder an den Körper gelangt, noch leicht entflammbar ist. Somit ist der Feuerschutz gesichert. Es ist selbstverständlich möglich, das Sitzkissen in unterschiedlichen Größen sowie nach Wunsch mit oder ohne Rückenlehne zu produzieren. Der individuellen Kreativität sind durch vielseitige Bedruckungsmöglichkeiten (Sponsoren, Vereinslogo, ...) keine Grenzen gesetzt.

Als Substitutprodukt zum Gewebekissen kann ein Kissen aus Schaumstoff betrachtet werden. Wie die Fanshops mitteilten, sind die Verkaufszahlen von Fankissen aus Schaumstoff zufriedenstellend.

Merkmale eines Fankissens aus Schaumstoff:
1. niedriger Bezugspreis 1,20 – 2,00 €
2. hohe Gewinnspanne: Verkaufspreis schwankt zwischen 8 und 13 €
3. bequem, aber nicht wärmespeichernd
4. kann so gestaltet werden, dass es sowohl als Sitzunterlage als auch als Rückenlehne dient

e. Konkurrenten

Die europäischen Konkurrenten weisen die folgenden Merkmale auf:

Tabelle 6: Konkurrenten

Unternehmen	Unternehmensgröße	Produktpalette
K.S.I. GmbH, Mechernich	mittel	Werbeträger für bekannte Unternehmen, auch Kissen
Hock Textilverarbeitung & Vertrieb GmbH & Co. KG, Freudenberg	mittel	Schaumstoffkissen aller Art
B.W.S. sprl, Belgien	mittel	Schaumstoffartikel für den Wohn- und Freizeitbereich

Schaumstoffkissen als Massenprodukt werden natürlich auch von Unternehmen aus Asien bezogen. Aber die Produktion eines Kissens mit einem speziellen Logo bedarf einer engen Abstimmung zwischen Kunden- und Herstellerunternehmen. Deswegen werden diese Aufträge nur an Unternehmen im europäischen Ausland vergeben. Dies trifft auch auf Aufträge von Fußballvereinen zu.

f. Ausgestaltung der einzelnen Marketinginstrumente
Produktpolitik

Der typische Käufer eines Fanartikels ist zwischen 25 und 40 Jahren alt und natürlich fußballbegeistert. Diese Begeisterung kann er z.B. dadurch ausdrücken, dass er ein Kissen mit dem Logo seines Lieblingsvereines kauft. Darüber hinaus gibt Abbildung 3 die Anforderungen wieder, die Käufer an ein Fankissen stellen.

Abbildung 3:   Eigenschaftsprofil

Eigenschaften	Beurteilung					
	sehr wichtig					unwichtig
	1	2	3	4	5	6
Hohe Qualität		●				
Wärmende Eigenschaften		●				
Aufdruck des Vereins/Sponsors		●				
Preisgünstigkeit	●					
Rückenlehne					●	

Wie man sieht, erfüllt das Gewirke-Kissen bis auf den Preis alle Eigenschaften.

Preispolitik

Ein Fankissen aus 3D-Abstandsgewirke kann nur in Form einer Gemeinschaftsproduktion mehrerer Chemnitzer Unternehmen erfolgen. Wobei die Materialproduktion natürlich durch die Bebel GmbH & Co. KG erfolgen würde. Die Unternehmen, die das Gewirke zum Kissen weiterverarbeiten würden, sind bekannt und haben sich bereits durch eine Zusage gebunden. Da sie bisher erst eine grobe Planung des Produktionsprozesses vorgenommen haben, können sie die

Kosten nur ungefähr kalkulieren. Zur Deckung der Kosten müsste der Preis 5 € betragen. Allerdings könnte bei einer größeren Produktionsmenge dieser Preis gesenkt werden, nicht zuletzt durch eine volle Auslastung der Produktionskapazität der Bebel GmbH & Co. KG.

Werbemedien

Auf Anfrage gaben die Händler der Fanshops an, dass sie sich durch die folgenden Medien über neue Produkte informieren:

Tabelle 7: Kommunikationsinstrumente

Rang	Instrument
1	Messen
2	Handelsvertreter
3	Fachzeitschriften
4	mündliche Empfehlungen

Distributionsweg

Die Fanshops beziehen ihre Produkte sowohl über den indirekten als auch den direkten Vertriebsweg, d.h. sie kaufen sowohl vom Hersteller als auch von Händlern. Ob zwischen dem Hersteller eines Fanartikels und dem Fanshop noch ein Großhändler zwischengeschaltet wird, hängt vom Umsatzvolumen ab. Je größer und bekannter ein Fußballverein ist, desto stärker sind seine Fans und somit auch seine Fanshops regional gestreut. In diesem Fall können die Distributionskosten gesenkt werden, wenn der Großhandel als Intermediär den Vertrieb organisiert.

Wie bereits am Anfang beschrieben, besteht neben der Möglichkeit, Gewirke-Kissen zu verkaufen, noch die Option, nur das Material des 3D-Abstandsgewirkes anzubieten. Das Material würde von der Bebel GmbH & Co. KG produziert. Diese Möglichkeit soll im folgenden Abschnitt erörtert werden.

2. Gewirke als Zulieferprodukt

Die 3 Unternehmen aus Tabelle 6 wurden befragt, unter welchen Bedingungen sie sich vorstellen können, Fankissen aus dem Gewirke an Stelle von Schaumstoff herzustellen. Übereinstimmend lautete die Antwort, dass sie nur im Auftrag ihrer Kunden fertigen.

Wenn die Fußballvereine also Kissen aus dem Gewirke bestellen, und wenn das Gewirke nicht wesentlich teurer als Schaumstoff sei, dann würden sie das Gewirke als Material einsetzen.

Kommentar eines Managers von K.S.I. GmbH: "Das Schaumstoffmaterial ist in einer beliebigen Menge und preisgünstig aus Asien zu beziehen. Es ermöglicht uns eine hohe Gewinnspanne. Warum sollten wir es ersetzen?"

VI. Fragen

1. Beurteilen Sie die Marktchancen für
   - ein Gewirkekissen
   - das Gewirke als Zulieferprodukt! Begründen Sie Ihre Meinung!

2. Entwickeln Sie für das Produkt, für das Sie sich entschieden haben, eine Marketingstrategie mit den 4 Elementen: Produktgestaltung, Preis, Werbung und Distributionskanal.

J. Teaching Notes

Inhaltsverzeichnis

I. Allgemeine Bearbeitungshinsweise 166
II. Teaching Notes C: Das veredelte Holzfurnier... 167
III. Teaching Notes D: FLEXTERM 170
IV. Teaching Notes E: Das Biogranulat 171
V. Teaching Notes F: Die Thermohydraulische Pumpe (THP)..................... 174
VI. Teaching Notes G: Das LED-Informationssystem 177
VII. Teaching Notes H: Der Sensor zur Messung von pH-Werten 178
VIII. Teaching Notes I: Das 3D-Abstandsgewirke 180

I. Allgemeine Bearbeitungshinweise

In allen Fallstudien handelt es sich um kleine, bzw. kürzlich gegründete Unternehmen, die ein neu entwickeltes Produkt auf den Markt bringen wollen. Meist wurde die Innovation von dem Unternehmenseigentümer erfunden. Verständlicherweise interessiert ihn am meisten, ob und wie hoch der Gewinn sein wird, der mit der Innovation erwirtschaftet werden kann. Dementsprechend müssen auch die folgenden Fragen beantwortet werden, am besten in dieser Reihenfolge:

1. Wie hoch ist das Marktpotential, d.h. handelt es sich um einen wachsenden oder einen schrumpfenden Markt?
2. Wie hoch ist der Anteil an den Umsätzen auf diesem Markt, den das Unternehmen auf sich ziehen kann?

   An dieser Stelle gibt es zwei Möglichkeiten, weiter zu verfahren.
3. Wenn sich das Marktpotential als ausreichend erweist, dann sollten jetzt Strategie und die einzelnen Marketinginstrumente, mit denen der Markt bearbeitet werden kann, bestimmt werden.

   Den Abschluß bildet das Controlling, bei dem die break-even-Menge berechnet und mit dem prognostizierten Marktanteil des Unternehmens verglichen wird.
4. Sind die Marktchancen dagegen als niedrig einzustufen und wird eher von einem Markteintritt abgeraten, dann erübrigt es sich, die einzelnen Instrumente zur Marktbearbeitung zu bestimmen. In diesem Fall ist zu prüfen, ob es sich lohnt, die Vorkehrungen für eine Lizenzvergabe zu treffen.

Bearbeitungshinweis: Mehrere Kleingruppen sollten den Fragenkomplex parallel bearbeiten und ihr Ergebnis später im Plenum vorstellen. Nach einer, hoffentlich, spannenden Diskussion verabschiedet man die gemeinsam erarbeitete Lösung der Fallstudie.

II. Teaching Notes C: Das veredelte Holzfurnier

Frage 1:

Aus den folgenden Gründen ist die langfristige Entwicklung im Markt der Echtholzjalousien als positiv einzuschätzen:
- Das Bruttoinlandsprodukt weist einen stetig steigenden Verlauf auf.
- Für die nächsten Jahre wird mit einem Anstieg der Bevölkerungszahl gerechnet. Damit steigt auch die Anzahl potenzieller Kunden.
- Da viele neue Gebäude mit Sonnenschutzelementen ausgerüstet werden, ist auch die Entwicklung im Bauhauptgewerbe zu berücksichtigen. In diesem Bereich scheint der Abwärtstrend der vergangenen Jahre gestoppt zu sein. Deshalb kann für die nächste Zeit mit einer positiven Entwicklung gerechnet werden.
- Auch im Gesamtmarkt der Sonnenschutzelemente zeichnet sich eine solche Trendwende ab. Insofern kann hier mit einer Stabilisierung bzw. sogar mit einem leicht steigenden Marktvolumen gerechnet werden.

Frage 2:

Aufgrund der rückläufigen Umsatzentwicklung im Stammgeschäft ist die Erschließung neuer Geschäftsfelder anzustreben. Mit der innovativen Echtholzjalousie verfügt die Metaflex GmbH über ein Produkt, welches aufgrund seiner besonderen Eigenschaften erhebliche Vorteile im Vergleich zu Konkurrenzprodukten aufweist. Da mit diesem Produkt viele bisher nicht erfüllte Kundenwünsche bedient werden können, scheint eine erfolgreiche Markteinführung möglich zu sein. Da die Rahmendaten zudem eine stabile bis leicht steigende Tendenz aufweisen, sollte das Unternehmen in den Markt der Echtholzjalousien einsteigen.

Frage 3:

Bei einem Markteintritt sollte die Strategie der Differenzierung für eine Abnehmergruppe verfolgt werden (Strategietyp II). Die Strategie der Kostenführerschaft ist nicht realisierbar, da das Unternehmen über eine geringe Ressourcenausstattung verfügt und etablierte Unternehmen Echtholzjalousien günstiger anbieten können. Der Strategietyp III (Differenzierung, Produktion für mehrere Abnehmergruppen) ist aufgrund der schwierigen finanziellen Situation nicht zu empfehlen.

Frage 4:

a. Preispolitik

Bei der Umsetzung des Strategietyps II sollte sich die Metaflex GmbH auf die zahlungskräftige Käufergruppe im Bereich der gehobenen sozialen Schichten konzentrieren. Diese Käufergruppe verfügt über eine positive Zukunftserwartung und ist bereit, für außergewöhnliche Produkte, hohe Preise zu bezahlen. Zudem spielt der Preis für Kunden von Echtholzjalousien eine eher untergeordnete Rolle. Da speziell bei der Produktion der ersten Serien hohe Kosten entstehen, sollte im Hinblick auf die Preispolitik ein hoher Einführungspreis gewählt werden. Dieser ermöglicht es, die enormen Anfangskosten zu decken, die mit der Einführung der Produktion verbunden sind.

Um die Käufergruppen im Bereich der unteren und mittleren sozialen Schichten erschließen zu können, müsste die Produktion in größerem Umfang betrieben werden. Die hierfür notwendigen Investitionen sind derzeit nicht finanzierbar. Zudem verfügen diese Käufergruppen über eine geringe Kaufkraft, weshalb ein Markteintritt hier nur mit wesentlich niedrigeren Verkaufspreisen möglich wäre. Mit diesen geringeren Absatzpreisen dürfte das Unternehmen die anfänglich hohen Investitionen und Produktionskosten nicht decken können. Aus dem Grunde sollten diese Marktsegmente anfangs nicht bedient werden.

Weiterhin zeigten die Recherchen, dass es in den letzten Jahren zwar zu einem Anstieg der Brutto- und Nettolöhne kam. Die realen Nettolöhne je Arbeitnehmer blieben allerdings nahezu konstant. Deshalb hat sich die Kaufkraft dieser Käufergruppen nur unwesentlich verbessert. Auch die Verbraucherstimmung zeigt, dass diese Bevölkerungsgruppen im Hinblick auf die Konjunktur- und Einkommensentwicklung wenig zuversichtlich sind. Dies hat entsprechend negative Auswirkungen auf ihre Anschaffungsneigung. Sollte es dem Unternehmen allerdings gelingen die Herstellungskosten der nächsten Serien massiv zu senken, so könnten längerfristig durch eine Senkung der Preise auch diese Marktsegmente bedient werden. Preissenkungen sind allerdings nur dann möglich, wenn die Lieferanten des Rohfurniers und der Laminierfolie ihre monopolartige Stellung nicht ausnutzen. Deshalb sollte versucht werden, die Abhängigkeit von diesen Lieferanten zu reduzieren.

b. Produktpolitik

Neben dem geringen Gewicht und der kleinen Paketgröße sind die Kunden an Maßanfertigungen und einer großen Auswahl an Holzvariationen interessiert. Dies wird von den etablierten Anbietern nur unzureichend angeboten. In diesem Bereich besteht somit eine Marktlücke, die von der Metaflex GmbH geschlossen werden kann. Die Produktpolitik sollte darauf ausgerichtet werden.

c. Kommunikationspolitik:

Um die Kunden und Händler über die außergewöhnlichen Eigenschaften der Echtholzjalousie zu informieren, sollte das Produkt auf Fachmessen vorgestellt werden. Die branchenüblichen Kommunikationsmedien, wie Fachzeitschriften und Internetauftritte sind zusätzlich zu nutzen.

Frage 5:

Distributionspolitik:

Konzentriert sich das Unternehmen im Bereich der Produktpolitik auf Maßanfertigungen, so ist eine individuelle Beratung der Kunden notwendig. Diese ist mit den gegebenen Ressourcen nicht zu gewährleisten. Aus diesem Grunde sollte eine Kooperation mit der Jaloutec AG angestrebt werden. Ein flächendeckender Vertrieb ist damit möglich, ohne hierfür eigene Investitionen tätigen zu müssen. Da die Metaflex GmbH über keine Erfahrungen im Jalousienmarkt verfügt, kann diese zudem von den langjährigen Erfahrungen der Jaloutec AG in diesem Geschäftsfeld profitieren.

III. Teaching Notes D: FLEXTERM

Frage 1:

Die Break-even-Menge beträgt:
$$x_B = \frac{3 * 36.000}{30} = \frac{108.000}{30} = 3.600$$

Diese Menge liegt weit unter der möglichen Nachfrage der mittelständischen Unternehmen: 981 x 5 = 4905
Da der FLEXTERM von ifD: Angebot eines Gehäuses plus einer Softwareentwicklung einzigartig ist, kann man nicht voraussagen, wann Konkurrenten diese Idee kopieren werden. Den tatsächlichen Marktanteil von ifD kann man also nicht abschätzen. Aber da eine Markteinführung für ifD nicht mit hohen Anfangsinvestitionen verbunden ist, sollte ifD die Markteinführung wagen. Das Unternehmen kann ja zu Beginn nur wenige FLEXTERM fertigen lassen und mit diesen das Interesse der Kunden testen.

Frage 2:

Das Unternehmen sollte eine Differenzierungsstrategie verfolgen. Die Strategie der Kostenführerschaft ist aufgrund der Betriebsgröße und der geringen finanziellen Mittel nicht zu empfehlen.

Frage 3:

Das Produkt sollte nach den Kundenwünschen gestaltet werden. Höchst wahrscheinlich ist jeder Angebotspreis gesondert zu kalkulieren wegen der kundenspezifischen Software. Wenn die Absatzmenge steigt, sollte man versuchen, einzelne Teile zu standardisieren. Auf diese Weise kann der Angebotspreis gesenkt werden. Man sollte den FLEXTERM auf Messen ausstellen. Mit diesen Tätigkeiten sollte man den Mitarbeiter betrauen, den man für den Vertrieb abgestellt hat.

IV. Teaching Notes E: Das Biogranulat

Frage 1:

Die Landwirtschaft stellt zukünftig einen Markt mit Absatzchancen für Agrarfolien aus Biogranulat dar. Im Moment gibt es aber noch günstigere auf Erdöl basierende Alternativen. Trotzdem können folgende Punkte für die Begründung einer positiven Prognose herangezogen werden:

- Grundsätzlich prognostizieren Landwirte und Hersteller, dass es zu einer steigenden Nachfrage nach biologisch abbaubaren Agrarfolien langfristig kommen wird.
- Nicht nur das wachsende Umweltbewusstsein vieler Landwirte, sondern auch der steigende Kostendruck durch den sukzessiven Rückgang staatlicher Subventionszahlungen bewegt zum Umdenken. Dabei kann der höhere Preis einer Folie aus Biogranulat durch die niedrigeren Aufwendungen bei Entsorgung und einer allgemeinen Arbeitserleichterung kompensiert werden.
- Der Preis für nicht kompostierbare Kunststofffolien ist an die Entwicklung des Erdölpreises gebunden. Durch eine steigende Nachfrage nach Erdöl und die Begrenztheit der Erdölreserven dürften die Preise für „normale" Kunststoffe weiter steigen, so dass langfristig die Bedeutung von Agrarfolien aus nachwachsenden Rohstoffen zunehmen wird.
- Auch wenn die Novasun S.P.A. ein großer Konkurrent ist, kann die Polymer AG flexibler produzieren, was, neben dem Standortvorteil zum Zulieferer, eine Nutzung der Absatzchance unterstreichen würde.

Frage 2:

Da das Einsatzgebiet zunächst auf die Bereiche Mulch- und Silofolien begrenzt ist, sollte das Unternehmen für diesen Teilmarkt die Strategie der Konzentration wählen, um sich nicht nur aufgrund der noch begrenzten Produktionskapazität zu spezialisieren. Für den Gesamtmarkt – Landwirtschaft – ist die Differenzierungsstrategie (Typ II) zu verfolgen. Somit können auf lange Sicht die eigenen Stärken, beispielsweise in der Forschung und Entwicklung, im Hinblick auf die Steigerung des Bekanntheitsgrades biologisch abbaubarer Kunststoffprodukte, optimal genutzt werden.

Frage 3:

a. Produktpolitik

Die Eigenschaften Sauerstoffundurchlässigkeit, Lichtdurchlässigkeit und Hitzbeständigkeit sind im Eigenschaftsprofil aus der Sicht des Kunden als überaus wichtig eingeschätzt worden. Die beiden erst genannten Eigenschaften erfüllt das Biogranulat bereits. Jedoch muss noch analysiert werden, ob die derzeitige Hitzbeständigkeit von 60°C den Kundenwünschen genügt. Weiterhin sollten für Mulchfolien die speziellen Anforderung in der laufenden Entwicklung beachtet und erprobt werden. Im Bereich der Silofolien muss sich die Produktgestaltung besonders stark an den Bedürfnissen der Landwirte orientieren. An dem Problem der mechanischen Belastbarkeit ist dringend weiter zu arbeiten.

b. Preispolitik

Der überwiegende Teil befragter Agrargenossenschaften in Ostdeutschland ist bereit einen Mehrpreis von 10 % für eine Folie aus Biogranulat zu bezahlen. Da das Unternehmen bereits mit dem Biogranulat das Hochpreissegment anvisiert und das Produkt gleichzeitig eine hohe Qualität aufweist, ist eine Skimmingstrategie geeignet. Die Polymer GmbH sollte bei gefestigteren Geschäftsbeziehungen mit den einzelnen Händlern Mengen- und Treuerabatte in branchenüblicher Höhe anbieten.

c. Kommunikationspolitik

Im Bereich der Kommunikationspolitik ist es überaus wichtig den Bekanntheitsgrad biologisch abbaubarer Mulch- und Silofolien aus Biogranulat in Deutschland zu erhöhen, zum einen bei den Händlern der Folien und zum anderen bei den Nutzern der Agrarfolien. Dazu sind die genannten Messen und Fachzeitschriften geeignet. Hier können speziell mit der „Internationalen Grünen Woche" und der "IGRUMA" zwei Messen genutzt werden, um den ostdeutschen Landwirten die Produktvorteile einer solchen Folie zu zeigen. Dabei könnte auch ganz besonders auf die Möglichkeit einer Kostenreduktion trotz höherer Einkaufspreise für einen m^2 biologisch abbaubarer Folie, eingegangen werden. Darüber hinaus bietet sich auch die Zeitschrift „Neue Landwirtschaft" an, da sie hauptsächlich in Ostdeutschland verbreitet ist.

d. Distributionspolitik

Das Unternehmen sollte einen indirekten Vertrieb über einen Handelsvertreter anstreben, weil dies der branchenübliche Vertriebsweg ist. Darüber hinaus muss sie gewährleisten, dass eine schnelle und flexible Lieferung erfolgen kann. Die Möglichkeiten, die das Biogranulat für eine anpassbare Fertigung bietet, sollten dringend genutzt und ausgebaut werden.

Frage 4:

1. Kosten der Medienbelegung – Preis für eine 4-farbige halbe Anzeigenseite: 2444,- Euro Brutto.

2. Zahl der erreichten Personen – Verkaufte Auflage: 12.516 Exemplare

3. Lösung:

$$TKP = \frac{2444,\text{- Euro} * 1000}{12516} = \underline{\underline{195,27 \text{ Euro}}}$$

V. Teaching Notes F: Die Thermohydraulische Pumpe (THP)

Frage 1:

Ermittlung der Break-Even-Menge:
- Die Gewinnspanne für eine THP beträgt 10 %. Das ergibt, bei einem Preis der THP inkl. Peripherie von 82,50 €, 8,25 €. (Punkt IV.2.)
- Die Miete für eine zusätzliche Räumlichkeit würde 12.000 Euro im Jahr in Anspruch nehmen. (siehe IV.5.a)
- Die Recherche ergab, dass die Firma 40.000 Euro für Werbemaßnahmen im Jahr einplanen muss. (siehe Punkt IV.5.c)
- Der Mitarbeiter für den Vertriebs- und Marketingbereich wird 60.000 Euro im Jahr inkl. Arbeitgeberanteil verlangen. Er wird zunächst für 1 Jahr befristet eingestellt. (Punkt IV.5.d)

Die Break-Even-Menge beträgt 13.575 Thermohydraulische Pumpen

$$(x_B = \frac{112.000}{8,25} = 13.575).$$

Beim Vergleich mit der Stückzahl aus dem geschätzten Marktvolumen ergibt sich eine Absatzchance von 55.000 Stück, so dass diese deutlich über der Break-Even-Menge liegt. Eine Markteinführung der Thermohydraulischen Pumpe in dem untersuchten Industriezweig ist deshalb auf dieser Berechnungsgrundlage empfehlenswert.

Frage 2:

Ein Markteintritt könnte auch aus folgenden Gesichtspunkten gewagt werden:
- Die Erfindung setzt auf den sehr aktuellen Trend alternative Energieerzeugungen und ist zukunftsweisend.
- Durch die positiv herauszustellenden Kompetenzen des Unternehmens ist Herr Etzold auch in der Lage auf die Bedingungen, die bei einem Einsatz in der chemischen Industrie an die THP gestellt werden, einzugehen. Er muss in Zusammenarbeit mit dem potenziellen Kunden den chemischen Prozess genauer untersuchen und die Integration der Module in die Infrastruktur der Produktionsanlagen gewährleisten.
- Die chemische Industrie ist eine profitable und mächtige Branche mit hoher Reputation, d.h., wenn es ihm gelingt dort Fuß zu fassen, dann hat

er bereits beste Referenzen für die noch nicht vollständig ausgeschlossenen Märkte aus dem Punkt III.
- Die Branche ist wegen ihrer Vielzahl an kleinen und mittleren Unternehmen durchaus interessant, weil gerade im Hinblick auf die stetig steigenden Kosten für den ebenfalls wachsenden Strombedarf und den Aufwendungen für Forschungs- und Entwicklungstätigkeiten diese Unternehmensgruppen ganz besonders belastet sind. Letzteres resultiert nicht zuletzt aus der wachsenden internationalen Konkurrenz und dem Ziel, das eigene Image in der Bevölkerung steigern zu wollen.
- Bei Betrachtung der einzelnen drei Geschäftszweige kann aus der Tabelle 4 ein kontinuierliches Wachstum abgelesen werden. Des Weiteren ist gerade die Pharmazeutische Industrie durch die höhere Lebenserwartung und den damit einhergehenden höheren Ausgaben für die Gesundheit von einem überdurchschnittlichen Wachstum geprägt.
- Allerdings ist auch bei allen positiven Argumenten die Gefahr eines schnellen Markteintritts von anderen Unternehmen oder die Imitationsgefahr als sehr hoch einzustufen.
- Die Großunternehmen verfügen über eine starke Verhandlungsmacht, so dass es hier für ein kleines sächsisches Unternehmen schwierig werden könnte.

Für das Unternehmen kommt die Strategie der Kostenführerschaft nicht in Frage, da die entsprechenden Voraussetzungen, z.B. hohes Finanzierungspotenzial, Produktion eines preiswerten Standardproduktes und hoher Marktanteil, nicht gegeben sind. Es hat sich außerdem gezeigt, dass ein Standardprodukt nicht angeboten werden kann, weil die zukünftigen Kunden Wert auf Individuallösungen aus den genannten Gründen legen. Da dem Unternehmen zur Bewältigung der Strategie Differenzierung (Typ II) in der chemischen Industrie noch die notwendigen Kompetenzen im Marketing- und Vertriebsbereich fehlen und die finanziellen Mittel stark begrenzt sind, wäre bei einem Markteintritt zunächst die Wahl der Konzentrationsstrategie zu empfehlen. Dadurch könnte sich der Unternehmer auf eine bestimmte Abnehmergruppe innerhalb dieser Branche auf einem geografisch abgesteckten Raum konzentrieren. Also bevor er sich auf die gesamte chemische Industrie, weil diese nicht endgültig ausgeschlossen werden kann, ausrichtet, sollte er sich ganz speziell auf die drei erwähnten Geschäftszweige konzentrieren. Dadurch könnte Herr Etzold weitere finanzielle Mittel erschließen, um später die Vorraussetzungen für die Differenzierungsstrategie zu erfüllen. Dann kann das Unternehmen in den kommenden Jahren seine Expansionsbemühungen auf die anderen Sektoren der Chemiebranche ausrichten.

Frage 3:

a. Produktpolitik

- Ein Standardprodukt kann nicht in Frage kommen, sondern eine individuell gestaltete Pumpe für die verschiedenen Produktionsprozesse und -anlagen.
- In der Weiterentwicklung sollte er die Erhöhung der Leistung und des Wirkungsgrades pro Pumpe anstreben.

b. Preispolitik

- Leider konnte aus der durchgeführten Befragung nicht in Erfahrung gebracht werden, ob der Preis von 82,50 € von den Unternehmen akzeptiert wird. Dazu sind weitere Recherchen notwendig.
- Da das Unternehmen keine finanziellen Mittel hat, um größere Projekte vorzufinanzieren, sollte es die Möglichkeit der individuellen Vorrauszahlung vom Besteller je nach Auftragsbearbeitung wahrnehmen.

c. Kommunikationspolitik

- Aus den Befragungsergebnissen ist ersichtlich, dass Fachzeitschriften und das Internet als überaus wichtig eingeschätzt wurden. Herr Etzold sollte deshalb versuchen, die THP über diese Kommunikationsinstrumente bekannt zu machen, um Aufmerksamkeit und auch Interesse zu erzeugen.
- Weiterhin sollte er für Präsentationstermine das entsprechende Equipment anschaffen und vielleicht auch eine professionelle Produktpräsentation auf DVD oder CD erstellen lassen.

d. Distributionspolitik

- Für die THP kann der direkte Vertrieb über einen angestellten Vertriebsmitarbeiter empfohlen werden.
- Herr Etzold sollte sich an den branchenüblichen Garantieleistungen orientieren.
- Die Gewährleitung eines funktionierenden Reparaturservice ist sehr wichtig.

VI. Teaching Notes G: Das LED-Informationssystem

Frage 1:

Eine Möglichkeit, das mögliche Marktvolumen für LED-Anzeigen im Einzelhandel zu bestimmen, ist, die Gesamtnachfrage aus den Nachfragedaten der 14 Städte hochzurechnen:

$$14 \times 305.214 \text{ €} = 4.272.996 \text{ €}$$

Pessimistisches Szenario 5 % von 4.272.996 € = 213.649,80 €

Break-even-Menge: 213.649,80 € : 2580 = 83

Optimistisches Szenario 10 % von 4.272.996 € = 427.299,60 €

Break-even-Menge: 427.299,60 € : 2580 = 166

Frage 2:

Die Break-even-Menge beträgt:

- Eigener Vertriebsmitarbeiter:

$$x_B = \frac{160.000}{309,60} = 517$$

- Übergabe an Handelsvertreter:

$$x_B = \frac{70.000}{309,60} = 226$$

Die Stückzahl, die sich aus dem geschätzten Umsatzvolumen ergibt, liegt selbst bei optimistischer Schätzung unter den Break-even-Mengen.

Eine Markteinführung ist deswegen nicht zu empfehlen. Stattdessen sollte man versuchen, Lizenznehmer für das Produkt zu finden. Somit erübrigt es sich, Gedanken über die Ausgestaltung der einzelnen Marketinginstrumente anzustellen.

VII. Teaching Notes H: Der Sensor zur Messung von pH-Werten

Das Unternehmen muss sich zwischen den zwei Märkten: Markt der fleischverarbeitenden Unternehmen und Markt der Wasserversorgung entscheiden, denn die Märkte sind zu unterschiedlich, als dass sie gemeinsam bedient werden können.

1. Markt der fleischverarbeitenden Unternehmen

Frage 1:

Das Unternehmen soll den Strategietyp II der Differenzierung für eine Abnehmergruppe wählen. Zwar zeichnet sich der pH-Sensor dadurch aus, dass er kostengünstiger als die Glaselektrode ist. Aber auf lange Sicht liegen seine Vorteile eher darin, dass er Aufgabengerecht weiterentwickelt werden kann, und weniger in seinem niedrigen Preis.

Frage 2:

43 Unternehmen von 310 = 13 %

Zahl der potentiellen Käufer: 13 % von 18.320 = 2.381,6

Gesamtnachfrage nach pH-Sensoren: 2381,6 x 4 = 9526,4 Stück

Marktanteil für Polysens GbR:
optimistische Schätzung 10 % von 9526,4 = 952,64 Stück
pessimistische Schätzung 5 % von 9526,4 = 476,32 Stück

Frage 3:

$x_B = \dfrac{100.000}{150} = 667$

Falls das pessimistische Szenario wahr wird, würde eine Markteinführung die fixen Kosten nicht decken. Deswegen ist eine Markteinführung nur zu empfehlen, falls es dem Unternehmen gelingt, langfristig die Produktionskosten zu senken.

Frage 4:
Bei der Produktgestaltung soll man sich an den Kundenwünschen orientieren. Der Preis soll nach dem Wertprinzip kalkuliert werden, d.h. der Preis von 300 € könnte sich noch leicht verändern, wenn das Produkt den Kundenwünschen entsprechend entwickelt wird.

Es sollen die gleichen Werbemedien genutzt werden, aus denen sich die Kunden bisher informierten. Da die Handhabung des Sensors sehr erklärungsbedürftig ist, muss das Produkt auf direktem Weg vertrieben werden. Am besten kümmert sich der für die betriebswirtschaftlichen Fragen zuständige Gründer zunächst um die Kundenakquise. Bei weiterer Expansion kann dann ein Vertriebsmitarbeiter eingestellt werden.

2. Markt Wasserversorgung

Es kann dem Unternehmen nicht empfohlen werden, sich auf den Markt der Wasserversorgung zu konzentrieren. Der dazu erforderliche Antrag auf Aufnahme des pH-Sensors in die DIN-Norm 38404 dauert zu lange. Das Unternehmen kann nicht 2 Jahre warten (siehe Brief), sondern muss spätestens nach einem Jahr, wenn ihm keine Förderung mehr gewährt wird, Umsätze erzielen.

VIII. Teaching Notes I: Das 3D-Abstandsgewirke

Frage 1:

Die Marktchancen für ein Gewirkekissen als Fanartikel sind gut, denn
- die Zahl der Fußballbegeisterten steigt
- in Zukunft wird es in den Stadien mehr Sitzplätze geben
- insbesondere regionale Vereine benützen Fanartikel, um ihre Anhänger an sich zu binden

Dagegen ist es unwahrscheinlich, dass das Material des Gewirkes sich gegen Schaumstoff durchsetzen kann, denn sein Preis von 5 € pro m² ist zu hoch. Da die Produktionsmenge kurzfristig nicht ausgedehnt werden kann, aufgrund der begrenzten Produktionskapazität der Bebel GmbH & Co. KG, wird auch in absehbarer Zukunft keine Preissenkung möglich sein.

Deswegen wird empfohlen, dass sich die Chemnitzer Unternehmen zu einem Produktionsverbund zusammenschließen und ein Fankissen aus dem Gewirke für die regionalen Fußballvereine produzieren.

Frage 2:

a. Produktgestaltung

Die Eigenschaften der Wärmespeicherung und Wasserabweisung sollten verbessert werden. Die Kissen sollen mit den Wappen der Vereine der NOFV-Süd-Liga versehen werden.

b. Preis

Der Preis von 5 € muss gesenkt werden, damit das Gewirke sich gegenüber Schaumstoff durchsetzen kann.

c. Distributionskanal

Der Verbund der Chemnitzer Unternehmen sollte ihr Kissen über die Fanshops verkaufen. Die Zwischenschaltung eines Großhändlers ist nicht notwendig, da die Logistikwege in Sachsen kurz genug sind.

d. Werbung

Für das Gewirkekissen soll vorrangig auf Messen geworben werden. Darüber hinaus kann man die Marketingmanager der Fußballvereine direkt auf das Produkt aufmerksam machen, in der Hoffnung, dass diese Manager dann die Fanshops bitten werden das Kissen in ihr Sortiment aufzunehmen.

K. Literaturverzeichnis

Ansoff, I.O. (1958): A Model for Diversifikation, in: Management Science, Vol. 4, S. 392-414

Bass, F.M. (1969): A New Product Growth Model for Consumer Durables, in: Management Science, Vol. 16, S.215-227

Becker, J. (1993): Marketing-Konzeption, München

Briemle, G., M. Elsässer, T. Jilg, W. Müller & H. Nussbaum (1996): Nachhaltige Grünlandbewirtschaftung in Baden-Würtemberg. – in: Nachhaltige Land- und Forstwirtschaft; Springer Verlag, Berlin, Heidelberg, New York (1996)

Brockhoff, K. (1989): Schnittstellenmanagement, Stuttgart

Czarnitzki, D.; Stadtmann, G. (2002): Uncertainty of Outcome versus Reputation: Empirical Evidence for the first German Football Devision, in: Emirical Economics, Vol. 27, H. 1, S. 101-112

Deutscher Bauernverband (2006): „Situationsbericht 2006"

Deutsche Bundesbank (2005): Diverse Monatsberichte; Frankfurt am Main

Gablers Wirtschaftslexikon, Wiesbaden 1988

Götze, U.; Bloech, J. (1995): Investitionsrechnung, Berlin u.a.

Kartowitsch, E.; Michaelis, M. (2005): Merchandising als Marketinginstrument und Einnahmequelle, eine ökonomische Analyse der Potentiale von Klubs der 1. Fußball-Bundesliga, Arbeitspapier Nr.7-1, Münster

Käseborn, H.-G.; Siekerkötter, R. (1982): Das Vertragsrecht der Unternehmung

Kleinschmidt, E.; Geschka, H.; Cooper, R. (1996): Erfolgsfaktor Markt, Berlin, Heidelberg

Kotler, Ph.; Bliemel, F. (1999): Marketingmanagement, Stuttgart

Homburg, Chr.; Krohmer, H. (2003): Marketingmanagement, Strategie – Instrumente - Umsetzung - Unternehmensführung, Wiesbaden

Levitt, Th. (1995): Exploit the Product Life Cycle, in: Harvard Business Review, Nov.-Dec., S. 81-94

Margolis, H. (1987): Patterns, Thinking and Cognition, Chicago, London

Meffert, H. (1989): Marketing, Wiesbaden

Meffert, H. (2000): Marketing, Wiesbaden

Pay, de, D. (1995): Informationsmanagement von Innovationen, Wiesbaden

Porter, M. (1992): Wettbewerbsstrategie: Methoden zur Analyse von Branchen und Konkurrenten, 7. Aufl., Frankfurt/Main, New York, Campus Verlag, 1992.

Statistisches Bundesamt (2003): Bevölkerung Deutschlands bis 2050, 10. koordinierte Bevölkerungsvorausberechnung, Wiesbaden

Von Hippel, E. (1988): The Sources of Innovation, New York, Oxford

Dirk Hohm

Marketing für Wohndienstleistungen

Theoretische Grundlagen, empirische Einsichten und Gestaltungsempfehlungen zur Kundenzufriedenheit und Kundenbindung in der Wohnungswirtschaft

Frankfurt am Main, Berlin, Bern, Bruxelles, New York, Oxford, Wien, 2005.
283 S., 33 Abb., 22 Tab.
Markt und Konsum. Herausgegeben von Ursula Hansen. Bd. 17
ISBN 978-3-631-53582-0 · br. € 51.50*

Die Wohnqualität ist für das allgemeine Wohlbefinden und die Lebensqualität von großer Bedeutung. Privathaushalte wenden erhebliche Mühen und Mittel auf, um ihre Wohnsituation zu optimieren. Die Wohnungswirtschaft nimmt bei der Erfüllung von Wohnbedürfnissen eine Schlüsselstellung ein und verfügt über ein erhebliches volkswirtschaftliches Gewicht. In der Marketing- und Konsumforschung wird diesem Wirtschaftszweig dennoch bislang kaum Beachtung geschenkt. Die Studie setzt an dieser Lücke an und analysiert theoretisch wie empirisch die Frage, mit welchen spezifischen Mitteln Wohnungsunternehmen auf die Kundenzufriedenheit einwirken können und welche Wirkungen damit zu erreichen sind. Ein besonderes Augenmerk wird auf die Potenziale der Servicepolitik gelegt, deren besondere Chancen in der Branche seit einiger Zeit intensiv diskutiert werden.

Aus dem Inhalt: Grundlagen und Merkmale des Wohnens und der Wohnungswirtschaft · Theoretische Grundlagen der Kundenzufriedenheit in der Wohnungswirtschaft · Ein integriertes Modellkonzept der Kundenzufriedenheit in der Wohnungswirtschaft · Empirische Untersuchung · Implikationen für die wohnungswirtschaftliche Servicepolitik

Frankfurt am Main · Berlin · Bern · Bruxelles · New York · Oxford · Wien
Auslieferung: Verlag Peter Lang AG
Moosstr. 1, CH-2542 Pieterlen
Telefax 0041(0)32/3761727

*inklusive der in Deutschland gültigen Mehrwertsteuer
Preisänderungen vorbehalten
Homepage http://www.peterlang.de

www.ingramcontent.com/pod-product-compliance
Ingram Content Group UK Ltd.
Pitfield, Milton Keynes, MK11 3LW, UK
UKHW021830140426
5217IPUK00021B/1358